智能化　　　　　心教材

Premiere Pro CC
影视编辑教程

主　编　高立兵　田建荣　何依容
副主编　高宁宁　刘雪燕

合肥工业大学出版社
HEFEI UNIVERSITY OF TECHNOLOGY PRESS

图书在版编目（CIP）数据

Premiere Pro CC 影视编辑教程 / 高立兵，田建荣，
何依容主编 .—合肥：合肥工业大学出版社，2023.10
ISBN 978-7-5650-6492-0

Ⅰ . ① P⋯　 Ⅱ . ① 高⋯　 ② 田⋯　 ③ 何⋯
Ⅲ . ① 视频编辑软件—教材　 Ⅳ . ① TN94

中国国家版本馆 CIP 数据核字（2023）第 204860 号

Premiere Pro CC 影视编辑教程
Premiere Pro CC YINGSHI BIANJI JIAOCHENG

高立兵　 田建荣　 何依容　 主编

责任编辑	郭娟娟	
出版发行	合肥工业大学出版社	
地　　址	（230009）合肥市屯溪路 193 号	
网　　址	www.hfutpress.com.cn	
电　　话	人文社科出版中心：0551-62903200	
	营销与储运管理中心：0551-62903198	
规　　格	787 毫米 × 1092 毫米　 1/16	
印　　张	10.25	
字　　数	249 千字	
版　　次	2023 年 10 月第 1 版	
印　　次	2023 年 10 月第 1 次印刷	
印　　刷	三河市海新印务有限公司	
书　　号	978-7-5650-6492-0	
定　　价	49.80 元	

如果有影响阅读的印装质量问题，请与出版社营销与储运管理中心联系调换

前言 PREFACE

《Premiere Pro CC影视编辑教程》全面系统地介绍Premiere Pro CC的基本操作方法及影视编辑技巧，内容包括Premiere Pro CC基础、制作基础剪辑、原始素材处理、视频过渡应用、字幕制作、视频特效制作、玩转音频。

本书以案例为主线，通过对各案例实际操作的讲解，使读者快速理解、熟悉软件功能，厘清影视后期编辑思路。本书的实际操作讲解部分可带领读者深入学习软件知识，综合实训部分可帮助读者快速掌握影视后期制作的一些设计理念及技巧，头脑风暴部分可以帮助读者拓展实际应用能力。

《Premiere Pro CC影视编辑教程》适合作为院校和培训机构艺术专业课程的教材，也可作为相关人员的参考用书。

由于编者水平有限，加之时间仓促，书中难免有疏漏之处，敬请广大读者批评指正。

编　者

《Premiere Pro CC影视编辑教程》微信小程序码

目录 CONTENTS

第1章 Premiere Pro CC 基础

本章对 Premiere Pro CC 进行概述，并对其基本操作进行详细讲解。读者通过本章的学习，可以快速了解并掌握 Premiere Pro CC 入门知识，为后续章节的学习打下坚实基础。

学习目标

1. 了解 Premiere Pro CC 概况。
2. 熟练掌握 Premiere Pro CC 的基本操作。

课程思政　　　　　　　　**国产剪辑软件的崛起**

中国国产视频剪辑软件正在快速崛起，这些软件具备与国际知名软件相媲美的功能和效果，而且其本土化设计和用户界面也更加符合中国用户的使用习惯。这些软件的崛起不仅为国内的用户提供了更多选择，也在一定程度上推动了国内视频制作行业的发展。

1.1　Premiere Pro CC 概述

1.1.1　Premiere Pro CC 的面板

Adobe Premiere Pro CC 是由 Adobe 公司基于 Macintosh 和 Windows 平台开发的一款非线性编辑软件，广泛运用于电视节目制作、广告制作和电影制作等领域。初学 Premiere Pro CC 的用户在启动 Premiere 后，可能对其工作窗口或面板感到无从下手，本节将对用户操作面板的组成部分以及各面板的菜单命令进行讲解。

1. 认识用户操作面板

Premiere Pro CC 用户界面由菜单栏，源、效果控件、音频剪辑混合器面板，节目面板，项目、历史记录、效果面板，时间轴面板，工具面板等组成，如图 1-1 所示。

Premiere Pro CC影视编辑教程

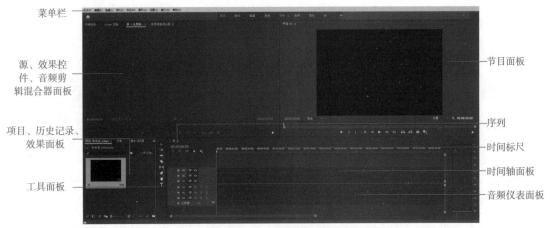

图 1-1　认识用户操作面板

2. 项目面板

项目面板主要用于输入、组织和存放时间轴面板编辑合成器的初始素材，如图 1-2 所示。

图 1-2　项目面板

3. 时间轴面板

时间轴面板是 Premiere Pro CC 的核心部分，在编辑影片的过程中，大部分工作都在时间轴面板完成。通过时间轴面板，可以轻松地实现对素材的剪辑、插入、复制、粘贴、修整等操作，如图 1-3 所示。

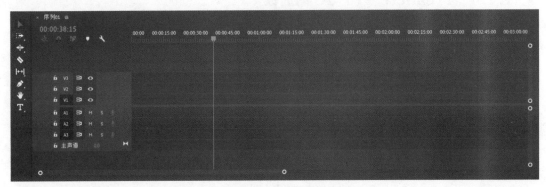

图 1-3　时间轴面板

4．监视器面板

监视器面板分为源、效果控件、音频剪辑混合器面板和节目面板。所有编辑或未编辑的影片片段都在此显示，如图 1-4 所示。

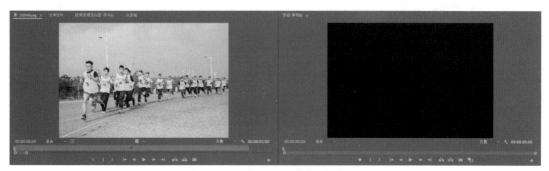

图 1-4　监视器面板

5．工具面板

工具面板提供了编辑影片的常用工具，如图 1-5 所示。

图 1-5　工具面板

6．效果控件面板

效果控件面板用于控制对象的运动、不透明度，以及各种效果的设置，如图 1-6 所示。

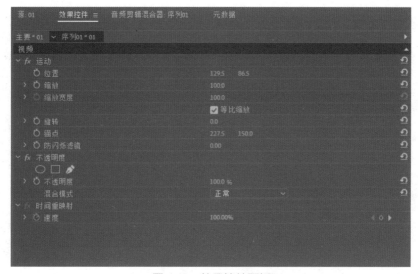

图 1-6　效果控件面板

7．效果面板

效果面板包括预设、Lumetri 预设、音频效果、音频过渡、视频效果、视频过渡，如图 1-7 所示。

图 1-7　效果面板

1.1.2　常用的文件格式

1．常用的图片文件格式

常用的图片文件格式有：JPEG、BMP、PSD、GIF、TGA、TIEF 等。

2．常用的音频文件格式

常用的音频文件格式有：WAV、MP3、MIDI、WMA 等。

3．常用的视频文件格式

常用的视频文件格式有：AVI、MPEG、MOV、WMV、ASF、FLV 等。

1.1.3　Premiere Pro CC 的基本操作

1．新建项目文件

（1）启动 Premiere Pro CC，单击"新建"，创建一个新的项目文件，名称框默认为"未命名"。位置框为项目的存放位置，如图 1-8 所示。

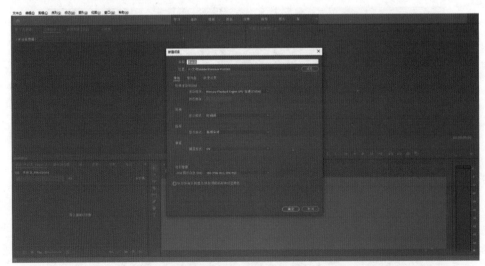

图 1-8　单击新建项目文件

（2）在新建序列对话框中，选择序列预设面板中的"DV-PAL—宽屏 48kHz"选项，单击"确定"按钮完成新建项目操作，如图 1-9 所示。

图 1-9　序列预设为宽屏 48kHz

2．打开已有的项目文件

单击"文件"中的"打开项目"选项，找到需要打开的项目文件，打开项目，如图 1-10 所示。

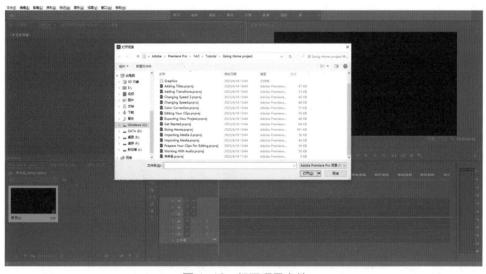

图 1-10　打开项目文件

3．保存项目文件

（1）单击文件中的"保存"按钮进行保存，第一次进行保存将会弹出窗口，选择保存位置。

（2）【Ctrl+S】快捷键保存。

4．撤销与恢复命令

通常情况下，一个完整的项目需要经过反复调整才能完成，因此 Premiere Pro CC 为用户提供了撤销与恢复命令。

在编辑视频时，如果用户的上一步操作是错误的，或用户对操作得到的效果不满意，选择编辑命令中的"撤销命令"即可撤销该操作，也可以用快捷键【Ctrl+Z】撤销该操作；如果需要取消撤销操作，可选择编辑命令中的"恢复命令"。

1.2 非线性编辑技术

根据视频载体和处理方式的不同，视频编辑方式可分为线性编辑和非线性编辑两种，前者为传统磁带编辑方式，后者为使用计算机对影视文件进行数据编辑。随着计算机技术的飞速发展，非线性编辑使影视的编辑就像操作文字处理软件一样简单和快捷，其在影视制作领域的应用越来越广泛并且越来越受影视制作人员的青睐。

1.2.1 线性编辑

线性编辑指的是一种需要按时间顺序从头至尾进行编辑的节目制作方式，它所依托的是以一维时间轴为基础的线性记录载体，如磁带编辑系统。素材在磁带上按时间顺序排列，这种编辑方式要求编辑人员首先编辑素材的第一个镜头，而结尾的镜头必须最后编辑。这意味着编辑人员必须对一系列镜头的组接做出确切的判断，事先做好构思，因为一旦编辑完成，就不能轻易改变这些镜头的组接顺序。因为对磁带的任何改动，都会直接影响到记录在磁带上的信号真实地址，从改动点以后直至结尾的所有部分都需要重新编一次或者进行复制。

线性编辑的技术比较成熟，相对于非线性编辑来讲操作比较简单，主要设备有编放机、编录机、字幕机、特技器、时基校正器等。

1.2.2 非线性编辑

狭义上讲，非线性编辑是指剪切、复制和粘贴素材，而无须在存储介质上重新安排它们。广义上讲，非线性编辑是指在用计算机编辑视频的同时，还能实现诸多的处理效果，例如特技等，它是对数字视频的一种编辑方式，能实现对原素材任意部分的随机存取、修改和处理。非线性编辑只是编辑点和特技效果的记录，因此任意的操作，如剪辑、修改、复制、调动画面前后顺序等，都不会引起画面质量的下降，克服了传统设备的致命弱点。非线性编辑的实现，要依靠软件与硬件的支持，这就构成了非线性编辑系统。

从硬件上看，非线性编辑系统可由计算机、视频卡或 IEEE 1394 卡、声卡、高速 AV 硬盘、专用板卡和外围设备构成。为了直接处理高档数字录像机传输的信号，有的非线性编辑系统还带有 SDI 标准的数字接口，以充分保证数字视频的输入、输出质量，其中视频卡用来采集和输出模拟视频，也就是承担 A/D 和 D/A 的实时转换。

从软件上看，非线性编辑系统主要由非线性编辑软件以及二维动画、三维动画、图像处理和音频处理等软件构成。随着计算机硬件性能的提高,视频编辑处理对专用器件的依赖越来越小,Premiere Pro CC 等非线性编辑软件的作用更加突出。

课堂案例——落叶

步骤 1 启动 Premiere Pro CC,单击"新建",创建一个新的项目文件,在"名称"文本框中输入"落叶",如图 1-11 所示。

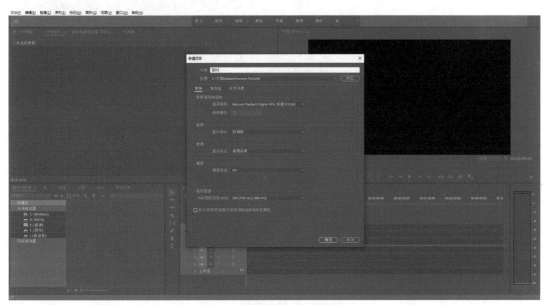

图 1-11　新建项目命名"落叶"

步骤 2 选择序列预设面板中的"DV-PAL—宽屏 48 kHz"选项,如图 1-12 所示。

图 1-12　选择 DV-PAL 中的宽屏 48 kHz

步骤3 将所需要的素材添加到项目窗口中，选择菜单栏中的文件"导入"命令，如图 1-13 所示。

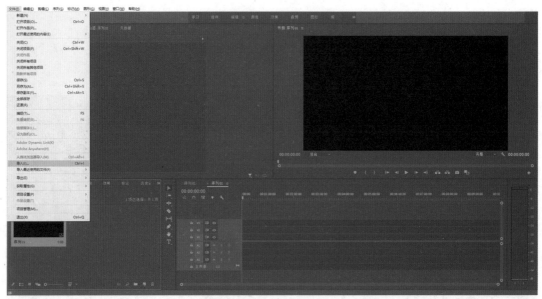

图 1-13 选择"导入"

步骤4 在弹出的"导入"对话框中找到素材，将其中的素材同时选中，单击右下角的"打开"按钮，如图 1-14 所示。

图 1-14 选择"打开"

步骤 5 将 01 素材图片拖动到时间轴 V1 轨道中，使其入点在 00：00：00：00，出点在 00：00：03：00，保证播放时间在 3 s，如图 1-15 所示。

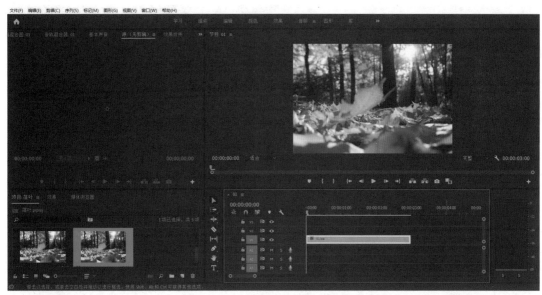

图 1-15　将 01 素材图片拖到轨道

步骤 6 将 02 素材图片拖到时间轴 V1 轨道上，使其入点在 00：00：03：00，出点为 00：00：06：00，保证播放时间也在 3 s，如图 1-16 所示。

图 1-16　将 02 素材图片拖到轨道

步骤7 用同样的方法将03、04素材图片添加到时间轴V1轨道上，持续时间都为3 s，如图1-17所示。

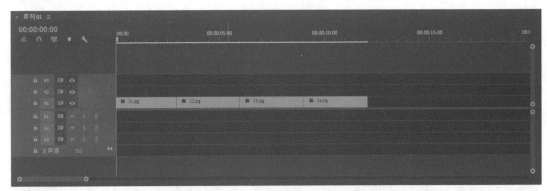

图1-17 将03、04素材图片拖到轨道

步骤8 导入文字"落叶"，将"落叶"拖到时间轴V2轨道上，并且拖动素材尾部，使其与V1轨道素材指针平齐，如图1-18所示。

图1-18 导入文字，将文字素材拖到轨道

步骤9 完成以上所有步骤之后，需要把制作的第一个案例输出成影片。选择"文件—导出—媒体"命令，在"格式"下拉列表中选择"H.264"，指定保存路径，如图1-19所示。

图 1-19 导出格式为 H.264

步骤10 单击"导出"按钮，对项目进行编码导出，如图1-20所示。

图 1-20 编码导出

步骤 11　最后，在指定位置可以找到渲染出的影片文件，可双击进行查看。

 拓展阅读

Adobe 公司介绍

　　Adobe 是一家全球领先的数字媒体和营销解决方案公司，总部位于美国加利福尼亚州的圣何塞。该公司成立于 1982 年，由约翰·沃诺克和查理斯·格兰特创立。Adobe 公司的业务涵盖了多个领域，包括创意、营销、电子文档和数字媒体等方面。

在线测试

扫一扫　测一测

制作基础剪辑

本章主要对 Premiere Pro CC 剪辑影片的基本技术和操作进行详细介绍，其中包括剪辑素材、分离素材、关键帧的运用等。

学习目标

1. 掌握 Premiere Pro CC 剪辑素材的方法。
2. 掌握 Premiere Pro CC 分离素材的方法。
3. 掌握关键帧的运用。

课程思政　　　　　　　**体验大自然的美**

我国自然景观丰富多彩，这些都是美的素材。这些素材我们平时可以多观看、多体验，从中可以感受大自然的壮美以及生态系统的整体美，而认识自然生态的美，更能追寻人与自然生态相处的和谐美。同时，我们还要积极参与"美丽中国"的建设，转变将自然作为外在于人的对象化资源的观念，避免乱砍滥伐、乱排乱放，从行动上减少对自然生态环境的破坏。

2.1　剪辑素材

Premiere Pro CC 的编辑过程是非线性的，用户可以在任何时候插入、复制、替换、传递和删除素材片段，还可以采取各种各样的顺序和效果进行试验，并在合成最终影片或输出到磁带前进行预演。

用户在 Premiere Pro CC 中最常使用的是监视器窗口和时间轴窗口。监视器窗口用于观看素材和完成的影片，设置素材的入点、出点等；时间轴窗口用于建立序列、安排素材、分离素材、插入素材、合成素材、混合音频等。用户使用监视器窗口和时间轴窗口编辑影片时，还会同时使用一些相关的其他窗口和面板。

一般情况下，Premiere Pro CC 可从头至尾播放一个音频素材或视频素材。用户可以使用剪辑窗口或监视器窗口改变一个素材的开始帧和结束帧，或改变静态图片的持续时间和设置标记等。同时，Premiere Pro CC 中的监视器窗口还可以对原始素材和序列进行剪辑。

课堂案例——星空

步骤 1 启动 Premiere Pro CC，在弹出的"开始"对话框中，单击"新建—新建项目"，进入"新建项目"对话框。

步骤 2 在"名称"文本框中输入"星空"，单击"浏览"按钮，选择项目保存的位置，单击"确定"按钮，如图 2-1 所示，进入 Premiere Pro CC 工作界面。

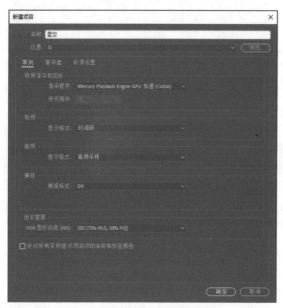

图 2-1　新建项目命名"星空"

步骤 3 选择"文件—新建—序列"命令（或使用快捷键【Ctrl+N】），弹出"新建序列"对话框，选择"DV-PAL—宽屏 48 kHz"选项，单击"确定"按钮，如图 2-2 所示。

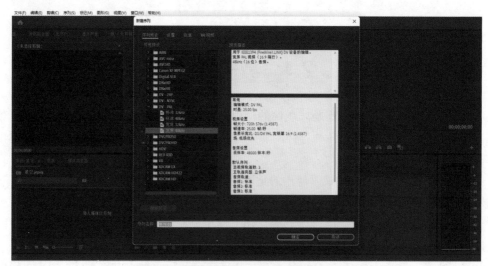

图 2-2　选择 DV-PAL 中的宽屏 48 kHz

步骤4 选择"文件—导入"命令（或使用快捷键【Ctrl+D】，弹出如图 1-10 所示的"打开项目"对话框，选中本案例中所有素材，单击"打开"按钮，将所有素材导入"项目"面板），在"项目"面板上单击"01"，然后按住【Shift】键的同时单击"02～05"图片素材，将其拖到"时间轴"面板的 V1 轨道中的 0 s 处，所选素材将按选择的顺序排列，如图 2-3 所示。

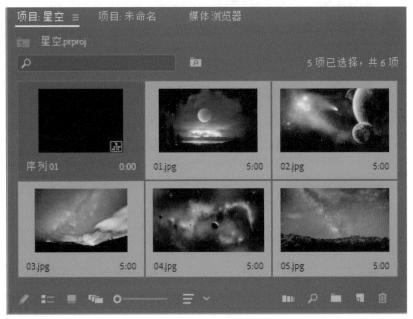

图 2-3 导入素材文件

步骤5 单击左侧的"效果"面板，选择"视频过渡"中"划像"选项下的"圆划像"效果，将其拖到 V1 轨道中"02"和"03"两素材之间，如图 2-4 所示。

图 2-4 添加效果

步骤6 选择"文件—导出—媒体"命令，弹出"导出设置"对话框，格式为"H.264"，在输出名称"序列 01"处单击，弹出"另存为"对话框，在"文件名"文本框中输入"星空"，单击"保存"按钮，然后单击"导出"按钮，输出名为"星空"的视频文件，如图 2-5 所示。

图2-5　导出视频文件

2.2　分离素材

在时间轴面板中可以切割素材并将其分成两个或多个素材，还可以使用插入工具进行三点或者四点编辑，也可以将连接素材的音频或视频部分分离，或者将分离的音频和视频素材连接起来。

课堂案例——立体桌摆

步骤1　启动 Premiere Pro CC，单击"新建"，创建一个新的项目文件，在"名称"文本框中输入"立体桌摆"，如图2-6所示。

图2-6　新建项目命名"立体桌摆"

步骤 2 选择序列预设面板中的"DV-PAL—宽屏 48 kHz"选项，如图 2-7 所示。

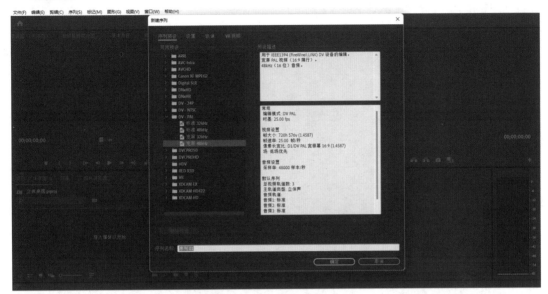

图 2-7 序列预设为宽屏 48 kHz

步骤 3 将所需要的素材添加到项目窗口中：选择菜单栏中的"导入"命令，如图 2-8 所示。

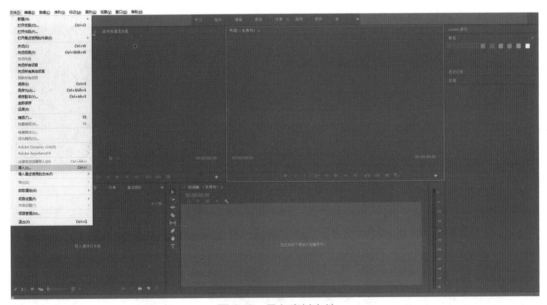

图 2-8 导入素材文件

步骤 4 在项目面板中，选中素材文件 01 并将其拖到时间轴窗口中 V3 轨道；选中素材文件 02 并将其拖到时间轴窗口中的 V2 轨道，如图 2-9 所示。

图 2-9 选中素材将其拖动到时间轴

步骤 5 选中素材文件 02，选择"效果控件"面板，展开"运动"选项，将位置选项设置为 261.0 和 288.0，缩放选项设置为 45.0，旋转选项设置为 -9.0°，如图 2-10 所示。

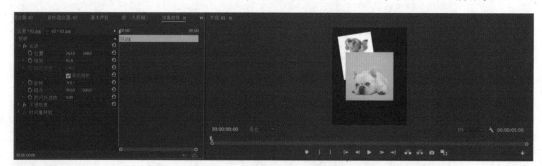

图 2-10 设置素材 02 运动选项

步骤 6 选中素材文件 01，选择"效果控件"面板，展开"运动"选项，将位置选项设置为 436.0 和 303.0，缩放选项设置为 35.0，旋转选项设置为 3.0°，如图 2-11 所示。

图 2-11 设置素材 01 运动选项

步骤 7 选中"效果"面板搜索"斜角边",拖拽"薄斜角边"效果到素材文件 01、02 上,选中素材,打开"效果控件",将边缘斜面的边缘厚度改为 0.06,将光照角度改为 −40.0°,光照强度改为 0.44,如图 2-12 所示。

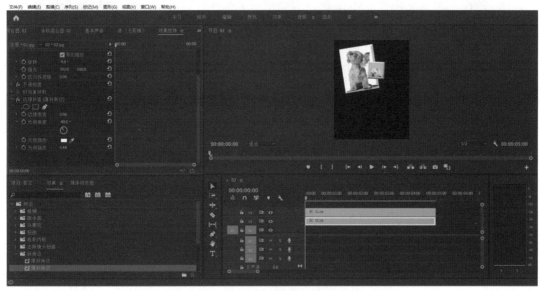

图 2-12 设置边缘斜面光照角度

步骤 8 编辑背景。选择"文件—新建—颜色遮罩"命令,弹出"新建颜色遮罩"对话框,单击"确定",弹出"颜色拾取"对话框,设置颜色 RGB 值为(0,198,255),单击"确定",如图 2-13 所示。

图 2-13 新建颜色遮罩

步骤9 将创建好的颜色遮罩拖到时间轴 V1 轨道中，如图 2-14 所示。

图 2-14　将颜色遮罩拖动到时间轴 V1 轨道中

步骤10 选择"效果"面板，找到杂色 HLS 特效，拖到 V1 轨道中的颜色遮罩上，选择"效果控件"面板，展开杂色 HLS 特效，将"色相"设置为 50.0%，亮度设置为 50.0%，饱和度设置为 60.0%，颗粒大小设置为 2.00，如图 2-15 所示。

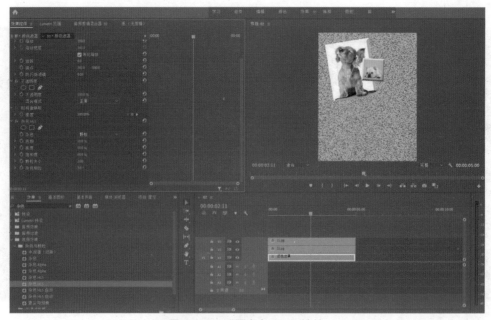

图 2-15　设置杂色 HLS 特效

步骤 11 选择"效果"面板，找到单元格图案特效，将其拖到颜色遮罩中，选择"特效控件"面板，展开单元格图案特效，单元格图案设置为晶体，将对比度设置为 278.00，分散设置为 0.90，大小设置为 50.0，偏移选项设置为 260.0 和 288.0，如图 2-16 所示。

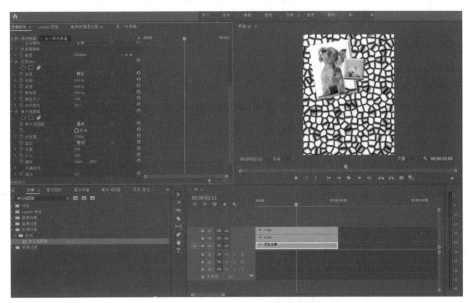

图 2-16　设置单元格图案特效

步骤 12 选择"效果"面板，找到四色渐变特效，拖到颜色遮罩中，选择"效果控件"面板，将颜色 1 设置为蓝色，其 RGB 的值为（2，125，170），颜色 2 设置为蓝色，颜色 3 设置为深蓝色，颜色 4 设置为绿色，将混合模式改为颜色，如图 2-17 所示。

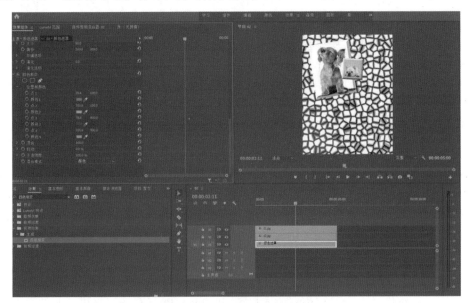

图 2-17　设置四色渐变特效

步骤 13 单击"导出"按钮，对项目进行编码导出。

步骤 14 最后，在指定位置可以找到渲染出的影片文件，可双击进行查看。

2.2.1 切割素材

在 Premiere Pro CC 中，当素材被添加到时间轴面板后，必须对素材进行分离才能进行后面的操作，可以使用工具箱中的剃刀工具来完成。

（1）使用剃刀工具；

（2）将鼠标指针移动到需要切割影片的时间轴窗口中的某一素材上并单击，该素材会被切为两个素材，每一个素材都有独立的长度及入点与出点；

（3）如果要将多个轨道素材同一点分割，则需要按住【Shift】键，此时时间轴上就会显示多重刀片，轨道上被锁定的素材都在该位置被分割为两段。

2.2.2 连接和分离素材

1. 连接素材

（1）在时间轴窗口选择要进行连接的视频和音频片段；

（2）单击鼠标右键，在弹出的菜单中选择"链接片段"命令，片段就会连接在一起。

2. 分离素材

（1）在时间轴窗口选择视频链接素材；

（2）单击鼠标右键，在弹出的快捷菜单中选择"取消链接"命令，即可分离素材的音频和视频的部分。

连接在一起的素材被断开后，分别移动音频和视频的部分使其错位，然后再连接在一起，系统会在片段上标记警告并识别错位的时间，负值表示向前偏移，正值表示向后偏移。

2.3 关键帧的运用

在 Premiere Pro CC 中，可以添加、选择和编辑关键帧，下面对关键帧的基本操作进行具体介绍。

Premiere Pro CC 不仅可以编辑组合视频素材，还可以通过使用运动效果使静态的图片运动起来。帧是动画中最小单位的单幅影像画面，相当于电影胶片上的一格画面，当时间指针以不同的速度沿"时间线"面板逐帧移动时，便形成了画面的运动效果。表示关键状态的帧叫关键帧，运动效果便是利用关键帧技术，将素材进行位置、动作或透明度等相关参数的设置。关键帧动画可以是素材的运动变化、特效参数的变化、透明度的变化和音频素材音量大小的变化。当使用关键帧创建随时间变化而发生改变的动画时，必须使用至少两个关键帧，一个定义开始状态，另一个定义结束状态。Premiere Pro CC 主要提供了两种设置关键帧的方法：一是在"效果控件"面板中设置关键帧；二是在"时间线"面板中设置关键帧，如图 2-18 所示。

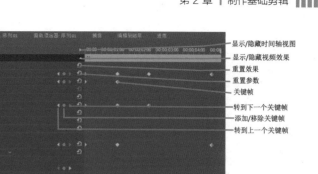

（a）"效果控件"面板中设置关键帧

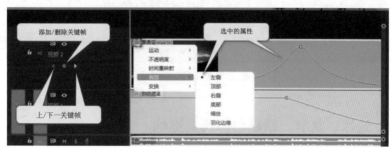

（b）"时间线"面板中设置关键帧

图 2-18 关键帧

2.3.1 添加关键帧

添加必要的关键帧是制作运动效果的前提，添加关键帧的方法如下。

（1）要为素材添加关键帧，首先应当将素材添加到视频轨道中，并选中要建立关键帧的素材，然后展开"效果控件"面板的运动属性；

（2）将时间线指针移到需要添加关键帧的位置，在"效果控件"面板中设置相应选项的参数（如"位置"选项），单击"位置"选项左侧的"切换动画"按钮，会自动在当前位置添加一个关键帧，将设置的参数值记录在关键帧中；

（3）将时间指针移到需要添加关键帧的位置，修改选项的参数值，修改的参数会被自动记录到第二个关键帧中，或者单击"添加/移动关键帧"按钮来添加关键帧。

2.3.2 关键帧导航

关键帧导航功能可方便关键帧的管理：单击导航三角形箭头按钮，可以把时间指针移动到前一个或后一个关键帧位置；单击左侧的三角形可以展开各项运动属性的曲线图表，包括数值图表和速率图表，如图 2-19 所示。

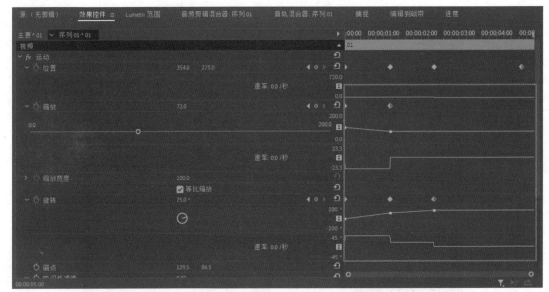

图 2-19　关键帧导航

2.3.3　选择、复制、粘贴和移动关键帧

在"效果控件"面板上选择单个关键帧时，只需要用鼠标单击某个关键帧；选择多个关键帧时，按住【Shift】键逐个单击要选择的关键帧；使用鼠标左键框选也可以选择多个关键帧。

关键帧保存了参数在不同时间段数值的变化量，可以被复制、粘贴到本素材的不同时间点，也可以粘贴到其他素材的不同时间点。将关键帧粘贴到其他素材时，粘贴的第 1 关键帧的位置由时间指针所处的位置决定，其他关键帧依次顺序排列。如果关键帧的时间比目标素材要长，则超出范围的关键帧也被粘贴，但不显示出来。

2.3.4　删除关键帧

在"效果控件"面板中，删除关键帧，可以采用以下几种方法。

（1）选中需要删除的关键帧，执行菜单"编辑—清除"命令可删除关键帧。

（2）选中需要删除的关键帧，按【Delete】或【Backspace】键可删除关键帧。

（3）将时间指针移到需要删除的关键帧处，单击"添加/删除关键帧"按钮，可以删除关键帧。

（4）要删除某选项（如"位置"选项）所对应的所有关键帧，可单击该选项左侧的"切换动画"按钮，单击"确定"后可删除该选项所对应的所有关键帧。

课堂案例——运动的时钟

步骤1　启动 Premiere Pro CC，单击"新建"，创建一个新的项目文件，在"名称"文本框中输入"运动的时钟",如图 2-20 所示。

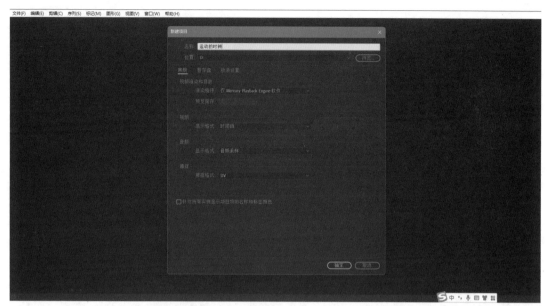

图 2-20　新建项目命名"运动的时钟"

步骤 2　在新建序列对话框中,选择序列预设面板中的"DV-PAL—宽屏 48 kHz"选项,如图 2-21 所示。

图 2-21　序列预设为宽屏 48 kHz

步骤 3 选择"文件—导入"命令,弹出"导入"对话框,选择盘中的"表盘""时针""分针""秒针"文件,单击"打开"按钮,导入文件。导入后的文件排列在项目面板中,如图 2-22 所示。

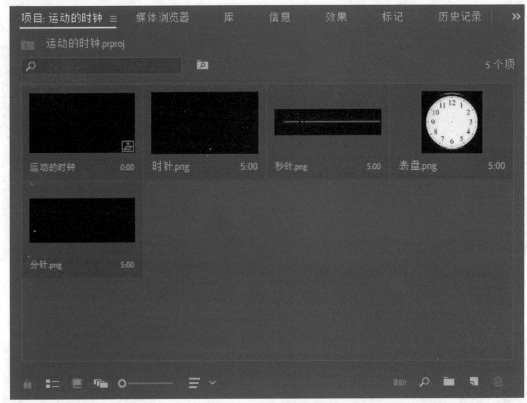

图 2-22 导入视频文件

步骤 4 将表盘素材拖动到时间轴窗口 V1 轨道,鼠标移动到素材末端拖动素材尾部至 1 min 的位置,如图 2-23 所示。

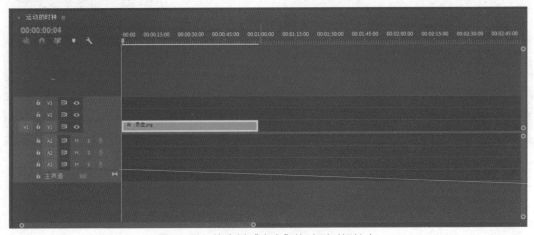

图 2-23 将素材"表盘"拖动到时间轴中

步骤 5 在时间轴选中表盘素材，鼠标右击选择"设为帧大小"，选择如图 2-24 所示。

图 2-24 调整"表盘"的大小

步骤 6 将秒针素材拖到时间轴窗口 V2 轨道上，鼠标移动到末端拖动到 1 min 的位置，如图 2-25 所示。

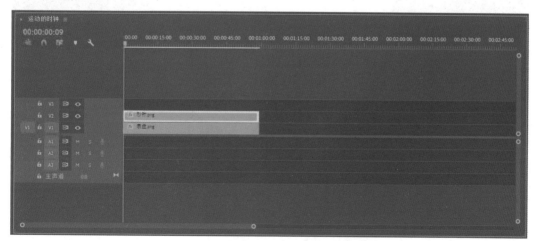

图 2-25 将素材"秒针"拖动到时间轴中

步骤7 在时间轴选中秒针素材，鼠标右击选择"设为帧大小"，双击节目窗口中的"秒针"，出现"秒针"边框，缩放至合理大小，并将"秒针"末端的黑色圆点与"表盘"中心黑色圆点对齐。如图2-26所示。

图2-26 将秒针素材调整至表盘大小

步骤8 选中秒针素材的锚点，将其拖到"秒针"末端的黑色圆点处。如图2-27所示。

图2-27 处理秒针素材的锚点

步骤9 依照秒针素材的操作，将分针素材拖到 V3 轨道，调整大小和锚点，最终效果如图 2-28 所示。

图 2-28 分针素材的处理

步骤10 在时间轴轨道处鼠标右击，增加轨道 V4，如图 2-29 所示。

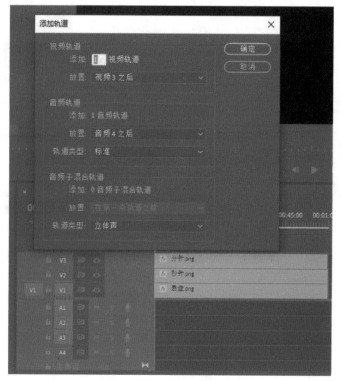

图 2-29 添加轨道 V4

步骤 11 依照秒针素材的操作，将时针素材拖到 V4 轨道，调整大小和锚点，最终效果如图 2-30 所示。

图 2-30 时针素材的处理

步骤 12 在时间轴选中秒针素材，在"效果控件"中找到"旋转"选项，为"旋转"在 0 s 处设置关键帧，值为 0.0，移动滑块到 60 s 处将旋转的关键帧值设置为 60×0.0°，最终效果如图 2-31 所示。

图 2-31 为"秒针"添加旋转关键帧

步骤 13 分针素材和时针素材重复上述操作。分针素材为"旋转"在 0 s 处设置关键帧，值为 0.0，移动滑块到 60 s 处将"旋转"的关键帧值设置为 360.0°；时针素材为"旋转"在 0 s 处设置关键帧，值为 0.0，移动滑块到 60 s 处将"旋转"的关键帧值设置为 30.0°，最终效果如图 2-32 所示。

图 2-32 为"时针"和"分针"添加旋转关键帧

步骤 14 新建一个序列,将"运动的时钟"的序列拖到到该序列的时间轴上,如图 2-33 所示。

图 2-33 新建序列

步骤 15 在"效果"中找到色调分离时间特效,拖到素材中,打开"效果控件",将帧速率值改为 10,此时秒钟转动并产生暂停跳跃的效果,与真实的时钟跳动十分相像,如图 2-34 所示。

图 2-34 添加色调分离时间特效

步骤 16 单击"导出"按钮,对项目进行编码导出。

步骤 17 最后,在指定位置可以找到渲染出的影片文件,可双击进行查看。

2.4　综合实训

训练　运动的背景墙

一、任务提出

认识关键帧，掌握关键帧动画的具体操作。关键帧是定义在动画中变化的帧，通过设置素材的尺寸、位置和旋转角度等相关参数，使素材播放时形成相关动画。

二、任务分析

关键帧操作实例步骤如下。

（1）新建项目，导入静态图片；

（2）添加关键帧动画；

（3）设置多画面动画；

（4）导出视频文件；

（5）播放动画。

三、任务实施

（1）新建项目，导入静态图片。

步骤1　启动 Premiere Pro CC，单击"新建"，创建一个新的项目文件，在"名称"文本框中输入"运动的背景墙"，如图 2-35 所示。

图 2-35　新建项目命名"运动的背景墙"

步骤2　选择序列预设面板中的"DV-PAL—宽屏 48 kHz"选项，如图 2-36 所示。

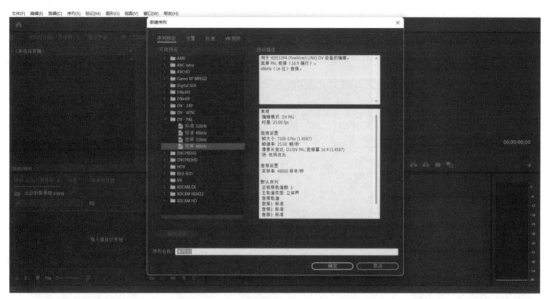

图 2-36 序列预设设置为宽屏 48 kHz

步骤 3 导入素材文件，在时间轴上添加轨道至 V7，将素材分别拖到视频轨道上，具体为：07 拖到 V7 轨道、01 拖到 V6 轨道、02 拖到 V5 轨道、03 拖到 V4 轨道、04 拖到 V3 轨道、05 拖到 V2 轨道、06 拖到 V1 轨道，所有素材的时间拖拽到 8 s 处，如图 2-37 所示。

图 2-37 导入素材并拖到合适的轨道

（2）添加关键帧动画。

步骤 4 将监视器的大小设置为 50.0%，设置 07 素材的不透明度为 45.0%。选中 01 素材在其中添加位置关键帧，将指针移动到 0 s 处，设置位置关键帧为 −403.0 和 288.0，将指针移动到 1 s 处，调整 x 轴坐标，使第一张图片出现，位置关键帧为 322.0 和 288.0，如图 2-38 所示。

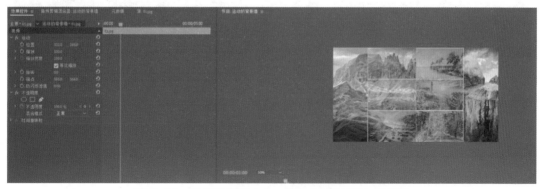

图 2-38 设置监视器大小，并给 01 素材添加关键帧

（3）设置多画面动画。

步骤5　将指针移动到1 s处，为素材01添加缩放关键帧100.0，将指针移动到2 s处，为01素材添加缩放关键帧26.0，设置位置关键帧254.0和96.0，如图2-39所示。

图2-39　为01素材添加缩放关键帧，设置位置关键帧

步骤6　选中02素材，将素材开始时间拖到1 s处，为02素材添加位置关键帧，将指针移动到1 s处，设置位置关键帧为-403.0和288.0，将指针移动到2 s处，调整x轴坐标，使第二张图片出现，位置关键帧322.0和288.0；将指针移动到2 s处，为02素材添加缩放关键帧100.0；将指针移动到3 s处，为02素材添加缩放关键帧26.0，设置位置关键帧461.0和96.0，如图2-40所示。

图2-40　为02素材添加关键帧

步骤 7 根据步骤 6 的操作方法，为 03、04、05、06 素材添加关键帧，最终按 07 素材进行，如图 2-41 所示。

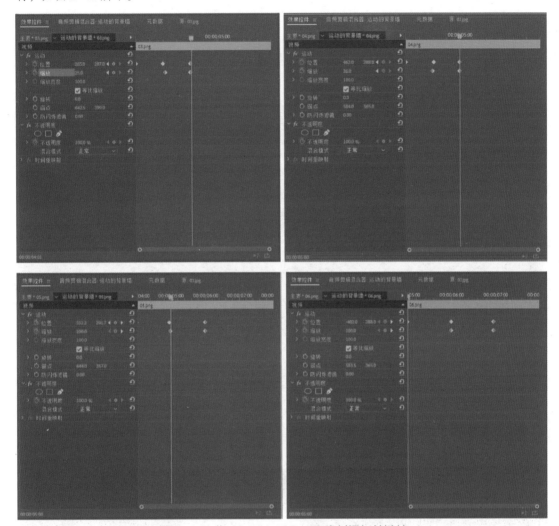

图 2-41 为 03、04、05、06 素材添加关键帧

步骤 8 切换 07 轨道输出状态为关闭，如图 2-42 所示。

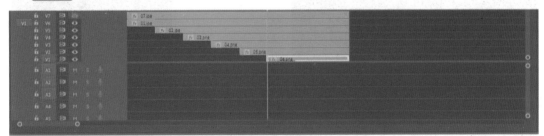

图 2-42 切换 07 轨道输出状态为关闭

（4）导出视频文件。

步骤 9 单击"导出"按钮，对项目进行编码导出。

（5）播放动画。

步骤 10 最后，在指定位置可以找到渲染出的影片文件，可双击进行查看。

四、同步训练

步骤 1 启动 Premiere Pro CC，单击"新建"，创建一个新的项目文件，在"名称"文本框中输入"怀旧老电影"，如图 2-43 所示。

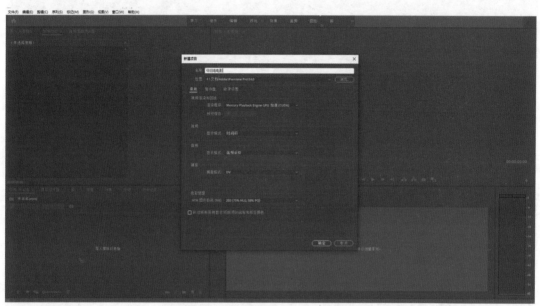

图 2-43　新建项目命名"怀旧老电影"

步骤 2 选择序列预设面板中的"DV-PAL—宽屏 48 kHz"选项，如图 2-44 所示。

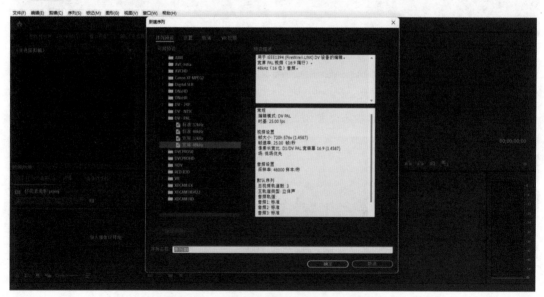

图 2-44　序列预设设置为宽银幕 48 kHz

步骤 3 选择"文件—导入"命令，弹出"导入"对话，选择盘中的素材文件，单击"打开"按钮，导入视频文件。导入后的文件排列在项目面板中，如图 2-45 所示。

图 2-45 导入素材文件

步骤 4 在"项目"面板中选中 01 素材，并将其拖动到时间轴 V1 轨道中，如图 2-46 所示。

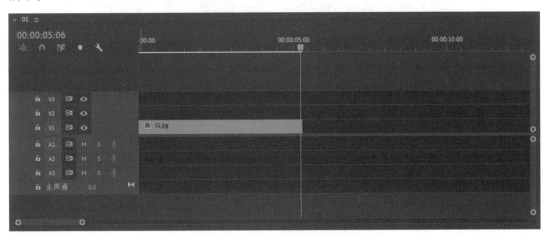

图 2-46 将素材文件拖到时间轴

步骤 5 将时间指示器放置在 1 s 的位置，选择"效果控件"面板，展开"运动"选项，将"位置"选项设置为 404.0 和 288.0，单击"位置"和"缩放"选项前面的记录动画按钮圆，记录第一个动画关键帧。将时间指示器放置在 4 s 的位置，将"位置"选项设置为 360.0 和 288.0，"缩放"选项设置为 54.0，记录第二个动画关键帧，如图 2-47 所示。

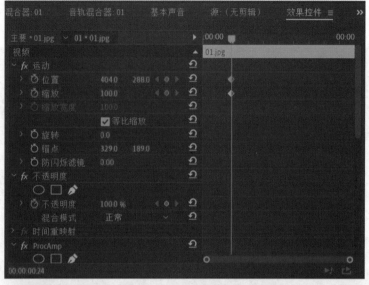

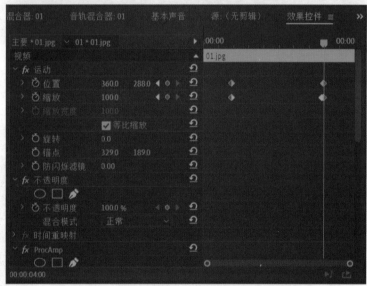

图2-47　设置位置和缩放的数值并添加关键帧

步骤6　选择"效果"命令，展开"视频效果"分类选项的"调整"文件夹，选中"ProcAmp"特效。将"ProcAmp"特效拖到"时间轴"窗口中的"01"文件上，如图2-48所示。

图2-48　添加"ProcAmp"特效

步骤 7 在"效果控件"面板中展开"ProcAmp"特效，将"对比度"选项设置为115.0，"饱和度"选项设置为50.0，在节目窗口中预览效果，如图2-49所示。

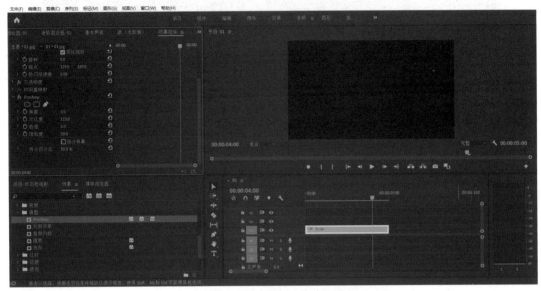

图 2-49 对"ProcAmp"特效进行参数设置

步骤 8 选择"效果"面板，展开"视频效果"分类选项的"颜色校正"文件夹，选中"颜色平衡"特效。将"颜色平衡"特效拖到时间轴窗口中的01文件上，如图2-50所示。

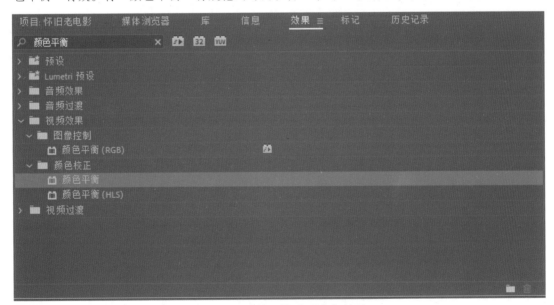

图 2-50 添加"颜色平衡"特效

步骤 9 选择"效果控件"面板，展开"颜色平衡"特效并进行参数设置，在节目窗口中预览效果，如图2-51所示。

图2-51　对"颜色平衡"特效进行参数设置

步骤 10 单击"导出"按钮，对项目进行编码导出。

步骤 11 最后，在指定位置可以找到渲染出的影片文件，可双击进行查看。

2.5　头脑风暴

练习知识要点：

使用"位置"选项改变视频文件的位置；使用剃刀工具分割文件；使用"速度/持续时间"命令改变视频播放的快慢。

📖 **拓展阅读**

什么是"帧"

帧是视频或动画中的基本单位，它代表了图像的一个静态画面。帧的来源可以追溯到电影和电视的发展历程，除了电影和电视，帧也在游戏开发、虚拟现实、医学成像等领域得到广泛应用。在这些领域，高帧率可以提供更真实的体验，如帮助医生更准确地诊断疾病等。

 **在线测试** ⚙

扫一扫　测一测

第3章 原始素材处理

本章主要讲解在 Premiere Pro CC 中，调色、抠像与叠加技术可以使影片产生完美的剪辑合成效果。读者通过本章案例的学习，可加强理解相关知识，完全掌握 Premiere Pro CC 的调色、抠像与叠加技术。

学习目标

1. 了解视频调色基础。
2. 掌握视频调色技术详解。
3. 熟练掌握抠像及叠加技术。

3.1 调色特效

3.1.1 视频调色基础

在视频编辑过程中，调整画面的色彩至关重要，因此经常需要将拍摄素材的颜色进行调整。抠像后也需要校色，使当前对象与背景更加协调。为此，Premiere Pro CC 提供了一整套的图像调整工具。

在进行颜色校正前，必须要保证监视器显示颜色准确，否则调整出来的影片颜色不准确。对于监视器颜色的校正，除了使用专门的硬件设备外，用户也可以凭自己的眼睛来校准监视器色彩。

在 Premiere Pro CC 中，节目监视器面板提供了多种素材的显示方式，不同的显示方式，对分析影片有着重要的作用。

单击"节目"监视器窗口右上方的"＝"按钮，在弹出的下拉列表中选择不同的窗口显示模式，在该模式下显示编辑合成后的影片效果。

Alpha：在该模式下显示影片 Alpha 通道。

矢量示波器：矢量示波器是一个圆形图表，用于监视图像的颜色信息。矢量示波器从中心向外测量饱和度，并测量圆形图案中的色相。Premiere Pro CC 提供了两种不同的矢量示波器风格：HLS（色相、亮度和饱和度）和 YUV。其中，矢量示波器 HLS 直观地显示色相、亮度、饱和度和信号信息；YUV 模式包含多个颜色框，可查看色相和饱和度级别是否正确。

课堂案例——水墨画

步骤 1　启动 Premiere Pro CC，单击"新建"，创建一个新的项目文件，在"名称"文本框中输入"水墨画"，如图 3-1 所示。

图 3-1　新建项目命名"水墨画"

步骤 2　选择序列预设面板中的"DV-PAL—宽屏 48 kHz"选项，如图 3-2 所示。

图 3-2　序列预设设置为宽屏 48 kHz

步骤 3 选择"文件—导入"命令，弹出"导入"对话框，选择云盘中的"荷花"文件，单击"打开"按钮，导入视频文件。导入后的文件排列在项目面板中，如图 3-3 所示。

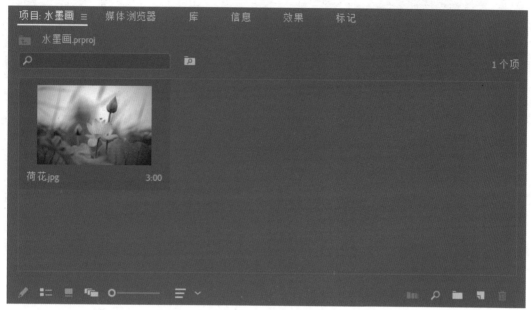

图 3-3　导入素材文件

步骤 4 在"项目"面板中选中荷花素材并将其拖到时间轴窗口 V1 轨道中，如图 3-4 所示。

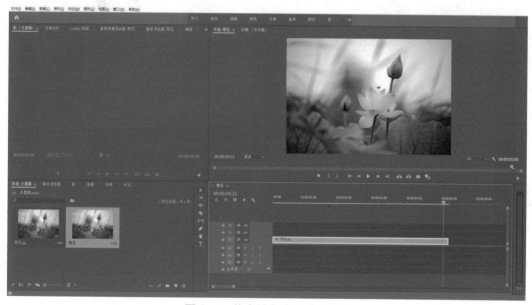

图 3-4　将素材文件拖到时间轴

步骤 5 选择"窗口—效果"命令，弹出"效果"面板，展开"视频效果"分类选项，单击"图像控制"文件夹，选中"黑白"特效，将"黑白"特效拖到时间轴窗口荷花素材上，在节目窗口中预览效果，如图 3-5 所示。

图3-5　添加"黑白"特效

步骤6 选择"效果"面板，展开"视频效果"分类选项，单击"风格化"文件夹，选中"查找边缘"特效，将"查找边缘"特效拖到时间轴窗口中的荷花素材上，如图3-6所示。

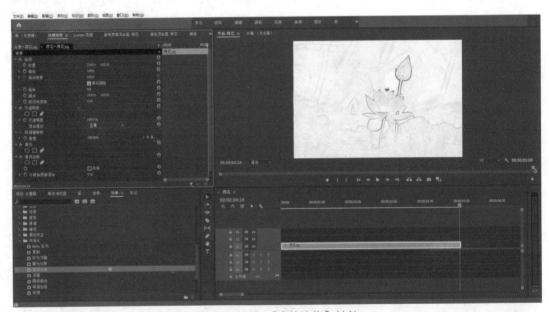

图3-6　添加"查找边缘"特效

步骤7 在"效果控件"面板中展开"查找边缘"特效，将"与原始图像混合"选项设置为5%，在节目窗口中预览效果，如图3-7所示。

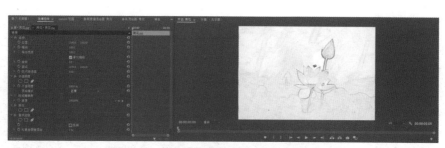

图 3-7　将与原始图像混合选项设置为 5%

步骤 8　选择"效果"面板，展开"视频效果"分类选项，单击"调整"文件夹，选中"色阶"特效，将"色阶"特效拖到时间轴窗口中的荷花素材上，如图 3-8 所示。

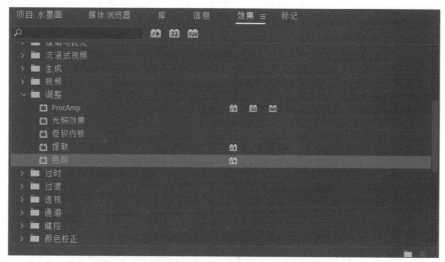

图 3-8　添加"色阶"特效

步骤 9　在"效果控件"面板中展开"色阶"特效并进行参数设置，在"节目"窗口中预览效果，如图 3-9 所示。

图 3-9　对"色阶"特效进行参数设置

步骤 10　选择"效果"面板，展开"视频效果"分类选项，单击"模糊与锐化"文件夹，选中"高斯模糊"特效，将"高斯模糊"特效拖到时间轴窗口中的荷花素材上。在"效果控件"面板中展开"高斯模糊"特效，将"模糊度"选项设置为 5.0，在"节目"窗口中预览效果，如图 3-10 所示。

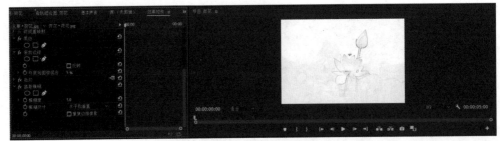

图 3-10 添加"高斯模糊"

步骤 11 选择"文件—新建—旧版标题"命令，弹出"新建字幕"对话框，在"名称"文本框中输入"小池"，单击"确定"按钮，弹出"字幕编辑"面板，选择"垂直文字"工具，在字幕工作区中输入需要的文字，关闭"字幕编辑"面板，新建的字幕文件自动保存到"项目：水墨画"窗口中，如图 3-11 所示。

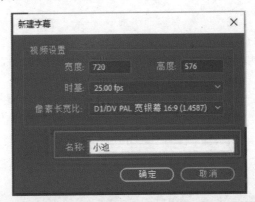

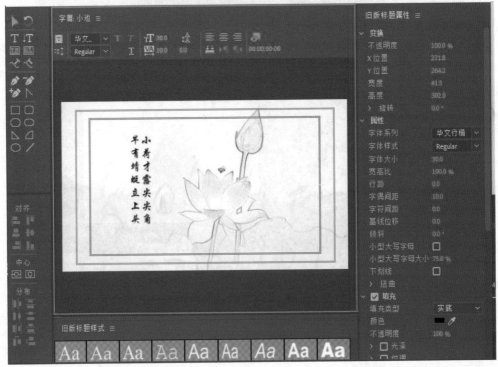

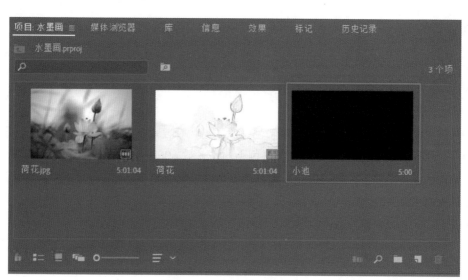

图 3-11　新建"垂直文字"

步骤 12 将旧版字幕"小池"拖到时间轴窗口中的 V2 轨道中。在"效果"面板中展开"视频过渡"特效分类选项，单击"擦除"文件夹，选中"划出"特效，拖到时间轴窗口中的小池素材的开始位置，如图 3-12 所示。

图 3-12　添加"划出"特效

步骤 13 选择时间轴窗口中的"划出"切换效果，选择"效果控件"面板，设置"持续时间"选项为 00：00：03：15，水墨画效果制作完成，如图 3-13 所示。

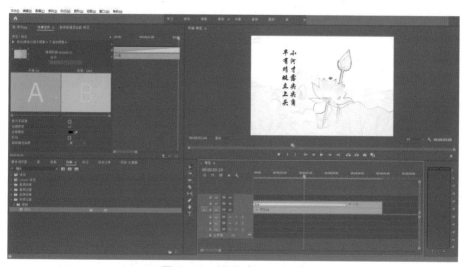

图 3-13　设置"持续时间"

步骤14 单击"导出"按钮，对项目进行编码导出。

步骤15 最后，在指定位置可以找到渲染出的影片文件，可双击进行查看。

3.1.2 调整特效

如果需要调整素材的亮度、对比度、色彩及通道，修复素材的偏色或者曝光不足等缺陷，提高素材画面的颜色及亮度，制作特殊的色彩效果，最好的选择就是使用"调整"特效。该类特效是使用较为频繁的一类特效，共包含9种视频特效。

1．Procamp

Procamp 可以用于调整素材的亮度、对比度、色相和饱和度。

2．光照效果

光照效果可以模拟不同光源的照射效果，如阳光、灯光、蜡烛光等。通过调整光源的位置、亮度、颜色等参数，可以让画面看起来更加真实，增强观众的代入感。例如，在拍摄室内场景时，可以通过添加灯光效果来模拟室内灯光的照射效果。

3．卷积内核

卷积内核根据运算改变素材中每个像素的颜色和亮度值，来改变图像的质感。应用该特效后，其参数面板如下。

（1）"Mll~M33"。表示像素亮度增效的矩阵，其参数值可在 -30 ～ 30 调整。

（2）"偏移"。用于调整素材的色彩明暗的偏移量。

（3）"缩放"。输入一个数值，在积分操作中包含的像素总和将除以该数值。

4．提取

提取可以从视频片段中吸取颜色，然后通过设置灰度的范围控制影像的显示。

（1）"输入黑色阶"。表示画面中黑色的提取情况。

（2）"输入白色阶"。表示画面中白色的提取情况。

（3）"柔和度"。用于调整画面的灰度，数值越大，灰度越高。

5．自动颜色，自动对比度，自动色阶

使用"自动颜色""自动对比度""自动色阶"3 个特效可以快速、全面地修整素材，可以调整素材的中间色调、暗调和高亮区的颜色。"自动颜色"特效主要用于调整素材的颜色；"自动对比度"特效主要用于调整所有颜色的亮度和对比度；"自动色阶"特效主要用于调整暗部和高亮区。

6．色阶

色阶的作用是调整影片的亮度和对比度。应用该特效后，单击右上角的"设置"按钮会弹出"色阶设置"对话框，对话框左边显示了当前画面的柱状图，水平方向代表亮度值，垂直方向代表对应亮度值的像素总数。在该对话框上方的下拉列表中，可以选择需要调整的颜色通道。

7．高光，阴影

高光和阴影是视频制作中常用的调整选项。通过调整高光和阴影的数值，可以改变视频的亮度和暗部细节，从而让画面更加清晰明亮或模糊暗淡。例如，在拍摄逆光场景时，

可以通过增加高光来让主题更加突出，而通过增加阴影可以让背景更加暗淡，从而突出主题。

3.2 图像控制特效

图像控制特效的主要用途是对素材进行色彩的特效处理，广泛运用于视频编辑中，处理一些前期拍摄中遗留下的缺陷，或使素材达到某种预想的效果。图像控制特效是一组重要的视频特效，包括灰度系数校正、颜色平衡（RGB）、颜色替换、颜色过滤和黑白效果 5 种效果。

1．灰度系数校正

灰度系数校正效果是通过对素材亮度的调整，在不显著更改阴影和高光的情况下使素材剪辑变亮或者变暗。

其实现的方法是更改中间调的亮度级别（中间灰色阶），同时保持暗区和亮区不受影响。默认灰度系数设置为 10。在"效果"的"设置"对话框中，可将灰度系数从 1 调到 28；椭圆和 4 点多边形蒙版，用于设定调整范围。

例如，同一素材的 3 个效果：①默认参数 10，原图；②减少灰度系数，参数改为 6，图像中的物体颜色变浅；③加大灰度系数，参数改为 17，图像中的物体颜色变深，显得更加鲜艳。

2．颜色平衡（RGB）

颜色平衡（RGB）效果是通过更改素材剪辑中的红色、绿色和蓝色的数值，以改变素材的颜色。椭圆和 4 点多边形蒙版，用于设定调整范围。

例如，同一素材的 3 个效果：①默认系数都为 100，原图；②设置红色的数值为 0，其他值不变，整个画面朝着青色的方向变化，图像中红色变为了黑色，背景颜色由白色变成了蓝绿色；③保持绿色成分不变，调大红色和蓝色的数值，整个画面朝着品红方向变化，图像中的红色显得更加鲜艳。

3．颜色替换

颜色替换效果是将选定的颜色替换成新的颜色，同时保留灰色阶。具体方法是：用吸管选择素材中的"目标颜色"，然后调整控件中"替换颜色"。"相似性"属性非常有用，可以扩大或减少要替换的颜色范围，对实现颜色替换至关重要。"纯色"选项指定替换的颜色不保留任何灰色阶。

4．颜色过滤

颜色过滤效果是将素材剪辑画面转换成灰度效果，但不包含指定的单个颜色。其中，"相似性"可以扩大或减小灰色范围，以区分出保留色；椭圆和 4 点多边形蒙版，用于设定调整范围。

颜色过滤效果的用途有两个：一是将素材剪辑画面转换成灰度效果；二是将可强调剪辑的特定区域保留原颜色，突出主题，其余区域转成灰度效果。

5．黑白效果

黑白效果是将彩色素材剪辑转换成灰度效果，即将颜色显示为灰度。

3.3　改变颜色

课堂案例——修改背景

步骤 1 启动 Premiere Pro CC，单击新建，创建一个新的项目文件，在"名称"文本框中输入"修改背景"，如图 3-14 所示。

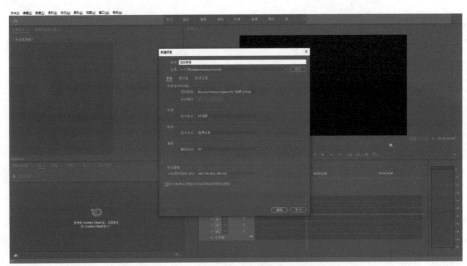

图 3-14　新建项目命名"修改背景"

步骤 2 选择序列预设面板中的"DV-PAL—宽屏 48 kHz"选项，如图 3-15 所示。

图 3-15　序列预设设置为宽屏 48 kHz

步骤 3 选择盘中的素材文件，单击"打开"按钮，导入视频文件。导入后的文件排列在项目面板中，如图 3-16 所示。

图 3-16 导入素材文件

步骤 4 在"项目"面板中选中 01 素材并将其拖到时间轴窗口中的 V1 轨道中。将时间指示器放置在 00：00：04：23 的位置，在 V1 轨道上选中 01 素材，将鼠标指针放在 01 素材的尾部，当鼠标指针呈向左的箭头状时，向前拖鼠标到 4 s 23 帧的位置上，如图 3-17 所示。

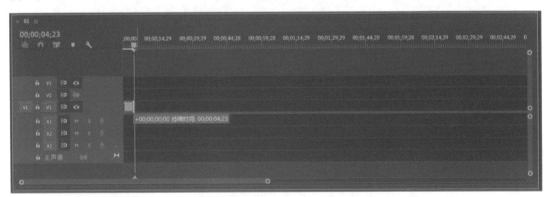

图 3-17 将 01 素材拖到时间轴

步骤 5 在"项目"面板中选中 02 素材并将其拖到时间轴窗口中的 V2 轨道上，并将其尾部拖到与 01 素材对齐的位置上。单击时间轴窗口中的 02 素材前面的"切换轨道输出"按钮，关闭可视性，如图 3-18 所示。

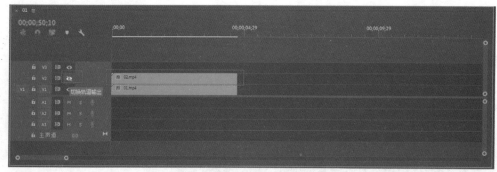

图3-18 将02素材拖到时间轴

步骤6 选中01文件。选择"效果控件"面板，展开"运动"选项，将"缩放"选项设置为53.0。在"节目"窗口中预览效果，如图3-19所示。

图3-19 将缩放选项设置为53.0

步骤7 选择"窗口—效果"命令，弹出"效果"面板，展开"视频效果"分类选项，单击"过时"文件夹，选中"RGB曲线"特效。将"RGB曲线"特效拖到时间轴窗口中的01素材上，如图3-20所示。

图3-20 添加"RGB曲线"特效

步骤8 选择"效果控件"面板，展开RGB曲线特效，调整RGB曲线在"节目"窗口中的预览效果，如图 3-21 所示。

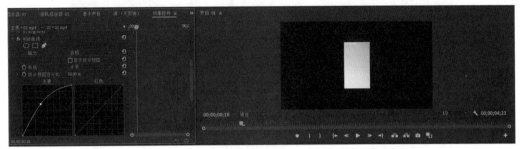

图 3-21 调整"RGB 曲线"特效

步骤9 选择"窗口—效果"命令，弹出"效果"面板，展开"Lumetri 预设"选项，在"SpeedLooks"中找到"摄像机"选项，进而找到"ARRI Alexa"选项，最后找到 SL 亮蓝特效，将"SL 亮蓝"特效拖到时间轴窗口中的 01 素材上，如图 3-22 所示。

图 3-22 设置"SL 亮蓝"特效

步骤10 选择"效果控件"面板，展开"SL 亮蓝"特效，将"基本校正"里面的"色温"选项设置为 10.8，窗口中预览效果，如图 3-23 所示。

图 3-23 展开"SL 亮蓝"特效，设置参数

步骤11 选择"效果"面板，展开"视频效果"分类选项，单击"颜色校正"文件夹，选中"亮度与对比度"特效。将"亮度与对比度"特效拖到时间轴窗口中的 02 素材上，选择"效果控件"面板，展开"亮度与对比度"特效，将"亮度"选项设置为 20.0，"对比度"选项设置为 35.0，如图 3-24 所示。

图 3-24 添加"亮度与对比度"特效

步骤 12 选择"效果"面板，展开"视频效果"分类选项，单击"变换"文件夹，选中"裁剪"特效。将"裁剪"特效拖到时间轴窗口中的 02 素材上。选择"效果控件"面板，展开"裁剪"特效，将"左侧"选项设置为 1.0%，如图 3-25 所示。抠像效果制作完成。

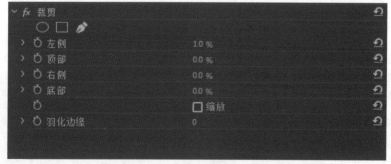

图 3-25 添加"裁剪"特效

步骤 13 单击"导出"按钮，对项目进行编码导出。

步骤 14 最后，在指定位置可以找到渲染出的影片文件，可双击进行查看。

3.4 综合实训

训练 变色龙

一、任务提出

掌握调色效果的使用。通过调色，不仅可以改善画面中有缺陷的颜色，还可以刻意将画面调整为其他颜色，从形式上更好地配合影片内容的表达。

二、任务分析

使用 Premiere Pro CC 软件完成以下操作。

（1）新建项目，导入素材文件；

（2）应用调色效果；

（3）绘制蒙版；

（4）添加关键帧；

（5）导出视频文件；

（6）播放动画。

三、任务实施

（1）新建项目，导入素材文件。

步骤 1 启动 Premiere Pro CC，单击"新建"，创建一个新的项目文件，在"名称"文本框中输入"变色龙"，如图 3-26 所示。

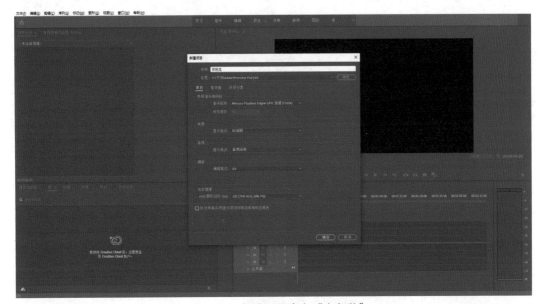

图 3-26　新建项目命名"变色龙"

步骤 2 选择序列预设面板中的"DV-PAL—宽屏 48 kHz"选项，如图 3-27 所示。"

图 3-27　序列预设设置为宽屏 48 kHz

步骤3 选择"文件—导入"命令，弹出"导入"对话框，导入素材，如图3-28所示。

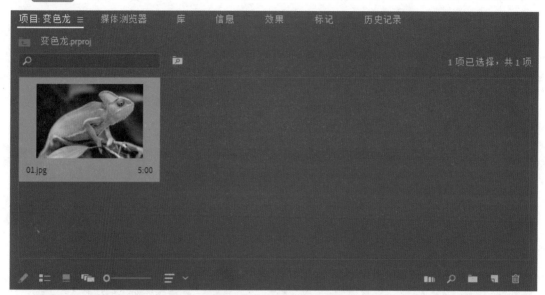

图3-28 导入素材文件

步骤4 导入素材文件夹中的"01.jpg"，然后拖到V1轨道，右击V1轨道中的素材，选择"缩放为帧大小"，使素材画面与帧大小相同，如图3-29所示。

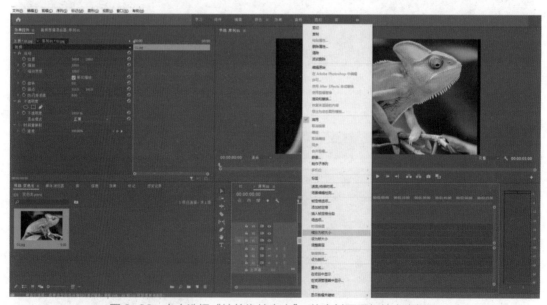

图3-29 右击选择"缩放为帧大小"，使素材画面与帧大小相同

（2）应用调色效果。

步骤5 为视频素材添加变色效果。单击"效果"面板"视频效果"文件夹，选择"颜色校正"效果中的"更改颜色"效果，拖放到V1轨道中的素材"01.jpg"上，如图3-30所示。

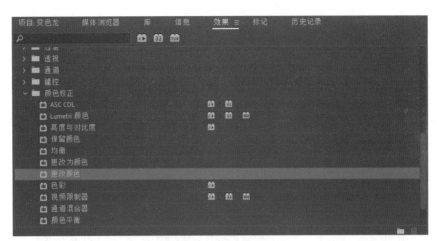

图 3-30　更改颜色效果

步骤 6　选择更改颜色的范围。单击素材，打开"效果控件"面板，打开"更改颜色"左侧的折叠按钮，单击"要更改的颜色"右侧的吸管，在"节目"面板中吸取变色龙身体的颜色绿色，设置"匹配颜色"为"使用色相"，设置"色相变换"值为 -68.0。调整"匹配容差"参数为 14.0%，以匹配选择整个身体颜色。如果颜色匹配的不完全，可以改变"匹配颜色"的模式为"使用色相"。如图 3-31 所示。

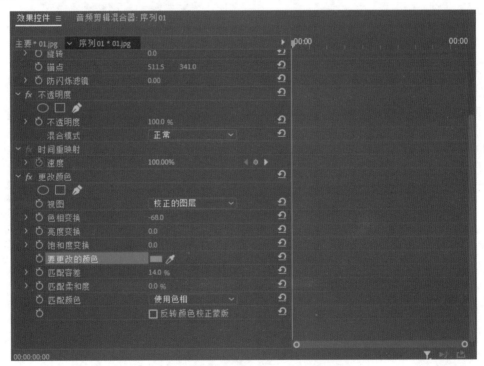

图 3-31　调整色相变换、匹配容差的数值

（3）绘制蒙版。

步骤 7　选择"效果控件"面板上的"自由绘制贝塞尔曲线"工具，绘制蒙版，以限定调色效果的范围，如图 3-32 所示。

图 3-32　绘制蒙版用来限定调色效果的范围

（4）添加关键帧。

步骤 8　为素材添加关键帧。在时间线的第 00：00：00：00 处，单击"色相变换"前面的"切换动画"按钮，添加关键帧。然后依次调整时间指针到第 1 秒、第 2 秒、第 3 秒、第 4 秒处，分别设置"色相变换"的参数为：−180.0、140.0、80.0、0.0，如图 3-33 所示。

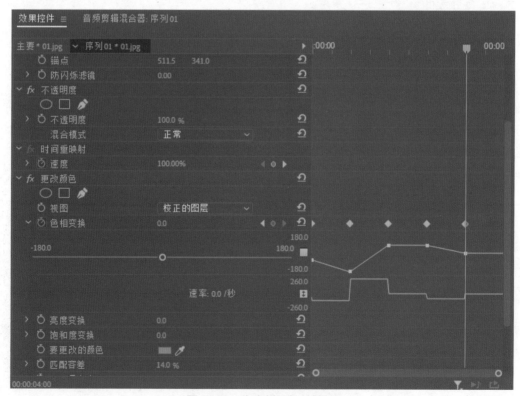

图 3-33　为素材添加关键帧

（5）导出视频文件。

步骤 9　单击"导出"按钮，对项目进行编码导出。

（6）播放动画。

步骤 10 最后，在指定位置可以找到渲染出的影片文件，可双击进行查看。

四、同步训练

步骤 1 启动 Premiere Pro CC，单击"新建"，创建一个新的项目文件，在"名称"文本框中输入"淡彩铅笔画"，如图 3-34 所示。

图 3-34 新建项目命名"淡彩铅笔画"

步骤 2 选择序列预设面板中的"DV-PAL—宽屏 48 kHz"选项，如图 3-35 所示。

图 3-35 序列预设设置为宽屏 48 kHz

步骤 3 选择盘中的素材文件，单击"打开"按钮，导入视频文件，如图3-36所示。

图 3-36 导入视频文件

步骤 4 在项目面板中将01素材拖到时间轴窗口中的V1轨道中。将时间指示器放置在00：00：05：00的位置，在时间轴窗口中的V1轨道选中01素材，将鼠标指针放在01素材的尾部，向前拖动鼠标到5 s的位置上，如图3-37所示。

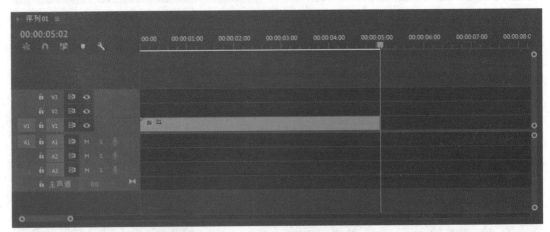

图 3-37 将素材文件拖到时间轴

步骤 5 将时间指示器放置在0 s的位置，在时间轴窗口中选中01素材。选择"窗口—效果控件"命令，弹出"效果控件"面板，展开"运动"选项，将"缩放"选项设置为82.0。在"节目"窗口中预览效果，如图3-38所示。

图 3-38　设置运动、缩放的数值

步骤 6　在时间轴窗口中选中 01 素材，选择"效果"面板，展开"视频效果"分类选项，单击"图像控制"文件夹，选中"黑白"特效，拖到 01 素材上。按【Ctrl+C】组合键复制层，并锁定该轨道，选中 V2 轨道，按【Ctrl+V】组合键粘贴层，如图 3-39 所示。

图 3-39　复制 01 素材到 V2 轨道

步骤 7　选中 V2 轨道上的 01 素材。选择"效果控件"面板，展开"不透明度"选项，单击"不透明度"选项前面的记录动画按钮，取消关键帧，将"不透明度"选项设置为 70.0%，如图 3-40 所示。

图 3-40　为素材设置不透明度

步骤 8　选择"效果"面板，展开查找边缘特效，拖到 V2 轨道上的 01 素材上，选中素材，在"效果控件"面板将"与原始图像混合"的数值设置为 17%，如图 3-41 所示。

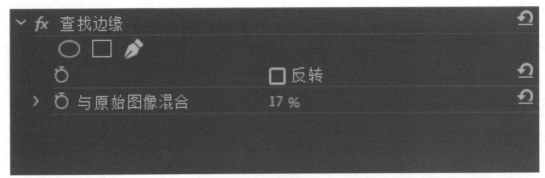

图 3-41　添加"查找边缘"特效

步骤9　选择"效果"面板，展开"色阶"特效，拖到素材上，选择素材，在"效果控件"中设置输入色阶，如图 3-42 所示。

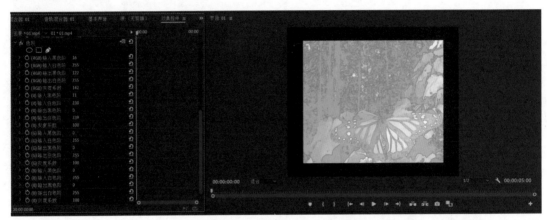

图 3-42　添加"色阶"特效

步骤10　选择"效果"面板，展开"画笔描边"特效，拖到素材上，选择素材，在"效果控件"中设置描边角度、画笔大小、描边长度和描边浓度的数值，如图 3-43 所示，视频制作完成。

图 3-43　添加"画笔描边"特效

步骤11　单击"导出"按钮，对项目进行编码导出。

步骤12　最后，在指定位置可以找到渲染出的影片文件，可双击进行查看。

3.5　头脑风暴

练习知识要点：

使用"缩放"命令编辑图像的大小；使用"ProAmy"命令调整图像的颜色；使用"镜头光晕"命令模拟强光折射效果。

📖 **拓展阅读**

颜色在视频剪辑中的作用

颜色在视频剪辑中有很重要的作用，例如情感表达、焦点引导、节奏控制和氛围营造。总之，颜色在视频剪辑中扮演着非常重要的角色。剪辑师需要了解不同颜色的作用，并能够巧妙地运用它们来达到自己想要的效果。

扫一扫　测一测

第4章 视频过渡应用

本章主要讲解在 Premiere Pro CC 中，影片素材与静止图像素材之间建立丰富多彩的切换特效的方法。每一个图像切换的控制方法具有很多可调节的选项，本章内容对影视剪辑中的镜头切换有着非常实用的意义，可以使剪辑的画面更加富于变化，更加生动多彩。

学习目标

1. 掌握转场特技的设置。
2. 掌握高级转场特技的设置。

课程思政　　　　　　　　　　中国式"转场"

中国的电影中有很多使用转场的应用。以上映于 1965 年的中国动画电影的经典之作《大闹天宫》为例，它讲述了孙悟空与天神之间的斗争，以及他最终获得自由的故事。总之，《大闹天宫》是一部充满文化自信的作品，它不仅展现了中国传统文化的魅力，也向世界展示了中国文化的创造力和多样性。

4.1 转场过渡的应用原则

4.1.1 认识视频转场

在非线性编辑中，镜头之间的组接对于整个影视作品有着至关重要的作用。通过镜头组接可以创造丰富的蒙太奇语言，能够表现出更好的艺术形式。Premiere Pro CC 提供了多种类型的视频转场效果，使剪辑师有了更大的创作空间和更高的自由度。

视频转场也称为视频切换或视频过渡，就是在影片剪辑中一个镜头画面向另一个镜头画面过渡的过程。将转场添加到相邻的素材之间，能够使素材之间较为平滑、自然的过渡，增强视觉连贯性。利用转场过渡效果，可以更加鲜明地表现出素材与素材之间的层次感和空间感，从而增加影片的艺术感染力。

视频转场的添加和设置涉及两部分："效果"面板和"效果控件"面板。"效果"面板为用户提供了 40 多种生动有趣的转场特技；"效果控件"面板提供了转场的参数信息，以方便用户对转场效果进行修改。

4.1.2 添加视频转场

要为素材添加转场效果，在"效果"面板中单击"视频过渡"左侧的折叠按钮，然后单击某个转场类型的折叠按钮并选择需要的转场效果，将其拖放到两段素材的交界处即可，素材会被绿色相框包裹，释放鼠标，绿色相框消失，在视频素材中就会出现转场标记。

视频转场添加后，选择该转场，按【Delete】键或【Backspace】键即可将转场删除。

（1）如果"效果"面板被关闭，执行"窗口—效果"命令或按【Shift+7】键重新打开。

（2）转场效果可以添加到相邻的两段视频素材或图像素材之间，也可以添加到一段素材的开头或结尾。

4.1.3 编辑转场效果

对素材添加转场效果后，双击视频轨道上的视频转场，打开"效果控件"面板可以设置视频转场的属性和各项参数。

"效果控件"面板中各选项的含义如下所示。

（1）持续时间。设置视频转场播放的持续时间。

（2）对齐。设置视频转场的放置位置。"居中于切点"是将转场放置在两段素材中间；"开始于切点"是将转场放置在第二段素材的开头；"结束于切点"是将转场放置在第一段素材的结尾。

（3）剪辑预览窗口。调整滑块可以设置视频转场的开始或结束位置。

（4）显示实际源。选择该选项，播放转场效果时将在剪辑预览窗口中显示素材；不选择该选项，播放转场效果时在剪辑预览窗口中以默认效果播放，不显示素材。

（5）边框宽度。设置视频转场时边界的宽度。

（6）边框颜色。设置视频转场时边界的颜色。

（7）反向。选择该选项，视频转场将反转播放。

（8）消除锯齿品质。设置视频转场时边界的平滑程度。

 课堂案例——海底世界

步骤 1 启动 Premiere Pro CC，单击"新建"，创建一个新的项目文件，在"名称"文本框中输入"海底世界"，如图 4-1 所示。

Premiere Pro CC影视编辑教程

图 4-1　新建项目命名"海底世界"

步骤 2 选择序列预设面板中的"DV-PAL—宽屏 48 kHz"选项，如图 4-2 所示。

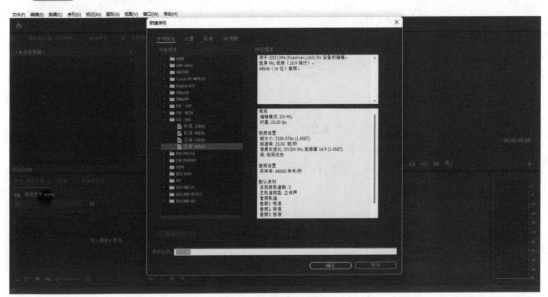

图 4-2　序列预设设置为宽屏 48 kHz

步骤 3 选择盘中的素材文件，单击"打开"按钮，导入视频素材文件。导入后的文件排列在项目面板中，如图 4-3 所示。

图 4-3　导入视频素材文件

步骤 4 按住【Ctrl】键，在项目窗口中分别单击素材文件并拖到时间轴 V1 上，选中 01
素材，将时间指示器放置在 00：00：04：00 的位置上，在"效果控制"中选择缩放，设置为
53.0，单击位置和缩放前面的动画按钮，记录第一个关键帧，如图 4-4 所示。

图 4-4　将素材文件拖入时间轴，并添加关键帧

步骤5 将时间指示器放在00：00：07：04的位置上，将位置选项设置为306.0和76.0，缩放选项设置为100.0，记录第二个动画关键帧，如图4-5所示；选中02素材，选择"效果控件"中的缩放，设置为53。用相同的方法设置03、04文件的缩放值。

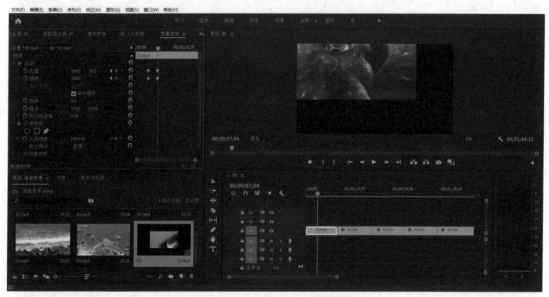

图4-5　为位置和缩放添加关键帧

步骤6 将时间指示器放置到02素材的开始位置，按【Ctrl+D】组合键，在01素材的结尾和02素材的开始位置添加一个默认的转场效果，在"节目"窗口预览效果，如图4-6所示。

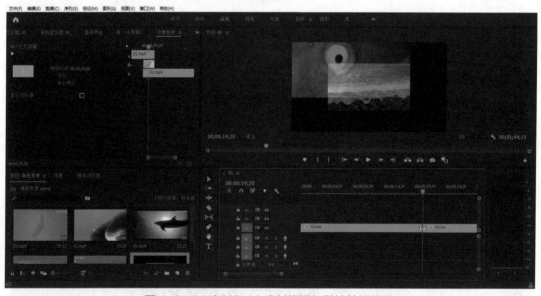

图4-6　01素材和02素材间添加默认转场效果

步骤7 将时间指示器放置到03素材的开始位置，按【Ctrl+D】组合键，在02素材的结尾和03素材的开始位置添加一个默认的转场效果，在"节目"窗口预览效果，如图4-7所示。

图 4-7　02 素材和 03 素材间添加默认转场效果

步骤 8　选择时间轴窗口 01 和 02 素材中的转场效果，在"效果控件"中设置对齐选项为"起点切入"，在"节目"窗口预览效果，如图 4-8 所示。

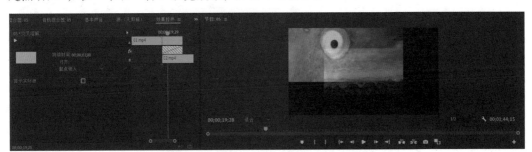

图 4-8　设置对齐选项为"起点切入"

步骤 9　将时间指示器放置到 04 素材的开始位置，按【Ctrl+D】组合键，在 03 素材的结尾和 04 素材的开始位置添加一个默认的转场效果，在节目窗口预览效果，如图 4-9 所示。

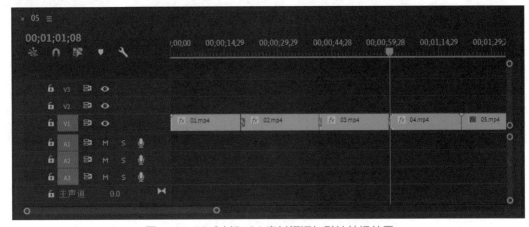

图 4-9　03 素材和 04 素材间添加默认转场效果

步骤10 选择时间轴窗口的切换效果,设置持续时间为00：00：02：00,在"节目"窗口预览效果。海底世界制作完成,如图4-10所示。

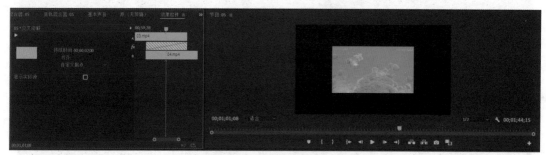

图4-10 选择切换效果

步骤11 单击"导出"按钮,对项目进行编码导出。

步骤12 最后,在指定位置可以找到渲染出的影片文件,可双击进行查看。

4.2 视频转场

在Premiere Pro CC中内置了8大类视频转场效果。本节主要介绍各种视频转场的播放效果以及使用技巧。

4.2.1 3D运动视频过渡

3D运动视频过渡效果是将前后两个镜头进行层次化,实现从二维到三维的视觉转换效果,该类转场节奏比较快,能够表现出场景之间的动感过渡效果,共包括2种过渡效果,如图4-11所示。

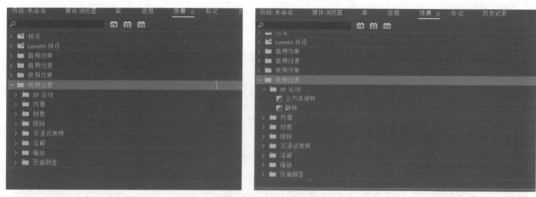

图4-11 过渡效果

(1)"立方体旋转"视频过渡效果。将素材A与素材B的场景作为立方体的两个面,通过旋转该立方体的方式将素材B逐渐显示出来。

(2)"翻转"视频过渡效果。将素材A的场景与素材B的场景作为一张纸的正反面,通过

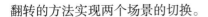

翻转的方法实现两个场景的切换。

4.2.2　划像视频过渡

划像视频过渡效果是在一个场景结束的同时开始另一个场景，该类型包括 4 种视频转场效果，节奏较快，适合表现一些娱乐、休闲画面之间的过渡效果。

（1）"交叉划像"视频过渡效果。素材 B 的场景以十字形在素材 A 的场景中逐渐展开。

（2）"圆划像"视频过渡效果。素材 B 的场景以圆形在素材 A 的场景中逐渐展开。

（3）"盒形划像"视频过渡效果。素材 B 的场景以矩形的形状从中心由小变大，逐渐覆盖素材 A 的场景。

（4）"菱形划像"视频过渡效果。素材 B 的场景以菱形在素材 A 的场景中逐渐展开。

4.2.3　擦除视频过渡

擦除视频过渡效果是将两个场景设置为相互擦拭的效果，该类型包括 17 种视频过渡效果。

（1）"划出"视频过渡效果。素材 B 的场景从素材 A 的场景一侧进入，并逐渐取代素材 A 的场景。

（2）"双侧平推门"视频过渡效果。素材 A 的场景以门的方式从中线向两边推开，显示出素材 B 的场景。

（3）"带状擦除"视频过渡效果。素材 B 的场景以水平、垂直或对角线呈带状逐渐擦除素材 A 的场景。

（4）"径向擦除"视频过渡效果。素材 B 的场景从一角进入，像扇子一样逐渐将素材 A 的场景覆盖。

（5）"插入"视频过渡效果。素材 B 的场景呈方形从素材 A 的场景一角插入，并逐渐取代素材 A 的场景。

（6）"时钟式擦除"视频过渡效果。素材 B 的场景按顺时针方向以旋转方式将素材 A 的场景完全擦除。

（7）"棋盘"视频过渡效果。素材 B 的场景以小方块的形式出现，逐渐覆盖素材 A 的场景。

（8）"棋盘擦除"视频过渡效果。素材 B 的场景分割成多个方块，以方格的形式将素材 A 的场景完全擦除。

（9）"楔形擦除"视频过渡效果。素材 B 的场景从素材 A 的场景中心以楔形旋转展开，逐渐覆盖素材 A 的场景。

（10）"水波块"视频过渡效果。素材 B 的场景以 Z 形擦除扫过素材 A 的场景，逐渐将素材 A 的场景覆盖。

（11）"油漆飞溅"视频过渡效果。素材 B 的场景以泼溅油漆的方式进入逐渐覆盖素材 A 的场景。

（12）"渐变擦除"视频过渡效果。素材 B 的场景依据所选的图形作为渐变过渡的形式逐渐出现，覆盖素材 A 的场景，可以通过选择不同的灰度图像自定义过渡方式。

（13）"百叶窗"视频过渡效果。素材 B 的场景以百叶窗的形式出现，逐渐覆盖素材 A 的场景。

（14）"螺旋框"视频过渡效果。素材 B 的场景以旋转方形的形式出现，逐渐覆盖素材 A 的场景。

（15）"随机块"视频过渡效果。素材 B 的场景以随机小方块的形式出现，逐渐覆盖素材 A 的场景。

（16）"随机擦除"视频过渡效果。素材 B 的场景以随机小方块的形式出现，可以从上到下或从左到右逐渐将素材 A 的场景擦除。

（17）"风车"视频过渡效果。素材 B 的场景以旋转风车的形式出现，逐渐覆盖素材 A 的场景。

4.2.4 溶解视频过渡

溶解视频过渡效果表现了前一段视频剪辑融化消失，后一个视频剪辑同时出现的效果，它节奏较慢，适用于时间或空间的转换，是视频剪辑中最常用的一种过渡效果，该类型包括 7 种视频过渡效果。

（1）"MorphCut"。具有"演说者头部特写"的素材在编辑时通常伴随着一个难题：拍摄对象说话可能会断断续续，经常使用"嗯""唔"或不需要的停顿。如果不使用跳切或交叉溶解，上述全部原因将无法获得清晰、连续的序列。现在，通过移除剪辑中不需要的部分，然后应用"MorphCut"来平滑过渡分散注意力的跳切，可以有效清理访谈对话，以确保平滑的叙事流，而无视觉连续性上的任何跳跃。"MorphCut"采用脸部跟踪和可选流插值的高级组合，在剪辑之间形成无缝过渡。

（2）"交叉溶解"视频过渡效果。"交叉溶解"在淡入剪辑 B 的同时淡出剪辑 A。如果希望从黑色淡入或淡出，在剪辑的开头和结尾采用"交叉溶解"即可。

（3）"叠加溶解"视频过渡效果。"叠加溶解"将来自剪辑 B 的颜色信息添加到剪辑 A，然后从剪辑 B 中减去剪辑 A 的颜色信息。

（4）"渐隐为白色"视频过渡效果。"渐隐为白色"使剪辑 A 淡化到白色，然后从白色淡化到剪辑 B。

（5）"渐隐为黑色"视频过渡效果。"渐隐为黑色"使剪辑 A 淡化到黑色，然后从黑色淡化到剪辑 B。

（6）"胶片溶解"视频过渡效果。"胶片溶解"是混合在线性色彩空间中的溶解过渡（灰度系数 =1.0）。

（7）"非附加溶解"视频过渡效果。"非附加溶解"是素材 A 的场景向素材 B 过渡时，素材 B 的场景中亮度较高的部分直接叠加到素材 A 的场景中，从而完全显示出素材 B 的场景。

4.2.5 滑动视频过渡

滑动视频过渡包括 5 种视频过渡效果。

（1）"中心拆分"视频过渡效果。素材 A 的场景分割成 4 个部分，同时向 4 个角移动，逐渐显示出素材 B 的场景。

（2）"带状滑动"视频过渡效果。素材 B 的场景分割成带状，逐渐交叉覆盖素材 A 的场景。

（3）"拆分"视频过渡效果。素材 A 的场景从屏幕的中心向两侧推开，显示出素材 B 的场景。

（4）"推"视频过渡效果。素材 B 的场景从一侧推动素材 A 的场景向另一侧运动，从而显示出素材 B 的场景。

（5）"滑动"视频过渡效果。素材 B 的场景滑动到素材 A，将素材 A 的场景完全覆盖。

4.2.6 缩放视频过渡

缩放视频过渡只包括 1 种"交叉缩放"视频过渡效果，素材 A 的场景逐渐放大，冲出屏幕，素材 B 的场景由大逐渐缩小到实际尺寸。

4.2.7 页面剥落视频过渡

页面剥落视频过渡效果一般应用在表现空间和时间切换的镜头上，该类型包括 2 种视频过渡效果。

（1）"翻页"视频过渡效果。素材 A 的场景以翻页的形式，从屏幕的任意一角卷起，从而呈现素材 B 的场景，卷起时背面透明。

（2）"页面剥落"视频过渡效果。素材 A 的场景以翻页的形式，从屏幕的任意一角卷起，从而呈现素材 B 的场景，卷起时背面不透明。

4.2.8 沉浸式视频

沉浸式视频可为 360/VR 视频添加可自定义的过渡，并确保杆状物不会出现多余的失真，且后接缝线周围不会出现伪影。该类型包括 8 种视频过渡效果：VR 光圈擦除、VR 光线、VR 渐变擦除、VR 漏光、VR 球形模糊、VR 色度泄漏、VR 随机块和 VR 默比乌斯缩放。

课堂案例——地球海洋水族馆

步骤 1 启动 Premiere Pro CC，单击"新建"，创建一个新的项目文件，在"名称"文本框中输入"地球海洋水族馆"，如图 4-12 所示。

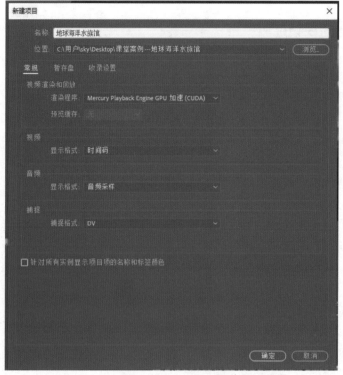

图 4-12　新建项目命名"地球海洋水族馆"

步骤 2　在新建序列对话框中，选择序列预设面板中的"VR—Monoscopic29.97—1920*960- 多声道模式"，如图 4-13 所示。

图 4-13　新建序列

步骤 3　找到 VR 视频，设置 VR 属性中的投影为球面投影，水平捕捉的视图 360°，如图 4-14 所示。

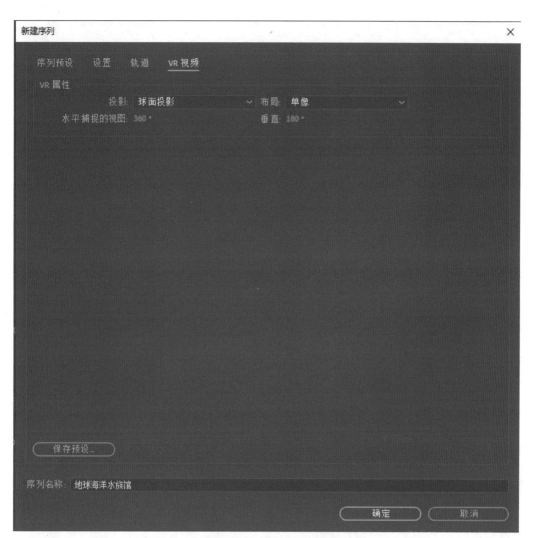

图 4-14 设置 VR 视频

步骤 4 导入 BBC 地球海洋水族馆素材，并将其拖到时间轴 V1 轨道中，如图 4-15 所示。

图 4-15 导入 BBC 地球海洋水族馆素材

步骤 5 选中 BBC 地球海洋水族馆素材，鼠标右击，选择"设为帧大小"，如图 4-16 所示。

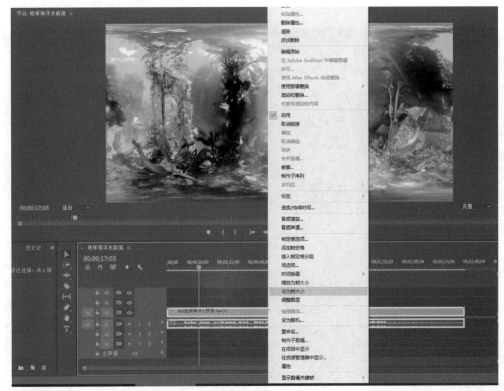

图 4-16　设置帧大小

步骤 6　在"效果"中找到"视频效果"，打开"视频效果"文件夹后找到"沉浸式视频"，找到 VR 发光特效，将其拖到 V1 轨道的 BBC 地球海洋水族馆素材上，如图 4-17 所示。

图 4-17　设置 VR 发光特效

步骤 7　在"效果"中找到"视频效果"，打开"视频效果"文件夹后找到"沉浸式视频"，找到 VR 平面到球面特效，将其拖到 V1 轨道的 BBC 地球海洋水族馆素材上，如图 4-18 所示。

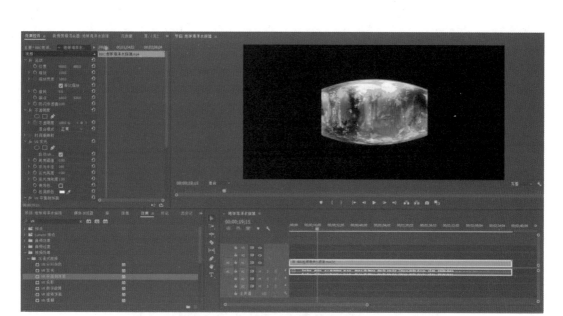

图 4-18　设置 VR 平面到球面特效

步骤8 单击"导出"按钮，对项目进行编码导出。

步骤9 最后，在指定位置可以找到渲染出的影片文件，可双击进行查看。

4.3　综合实训

训练　城市交通

一、任务提出

认识视频过渡，掌握视频过渡效果的使用方法，掌握场景画面之间立体旋转过渡的技巧。

二、任务分析

使用 Premiere Pro CC 软件完成以下操作。

（1）新建项目，导入素材文件；

（2）设置运动属性；

（3）添加过渡效果；

（4）导出视频文件；

（5）播放动画。

三、任务实施

（1）新建项目，导入素材文件。

步骤1 启动 Premiere Pro CC，单击新建，创建一个新的项目文件，在"名称"文本框中输入"城市交通"，如图 4-19 所示。

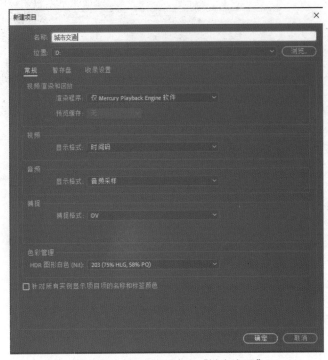

图 4-19 新建项目命名"城市交通"

步骤2 在新建序列对话框中，选择序列预设面板中的"DV-PAL—宽屏 48 kHz"选项，如图 4-20 所示。

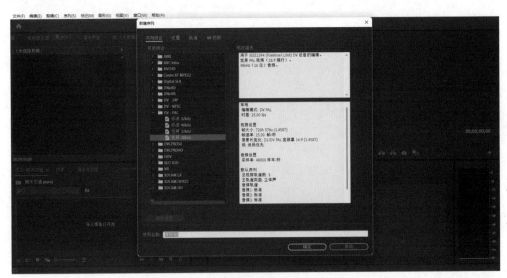

图 4-20 序列预设设置为宽屏 48 kHz

步骤3 选择素材文件夹中的"01""02""03""04"素材图片导入到项目面板中。

步骤4 按住【Ctrl】键，在"项目"面板中分别单击"01""02""03""04"素材并将其拖到时间轴窗口中的 V1 轨道中，如图 4-21 所示。

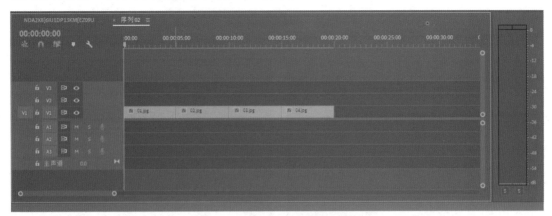

图 4-21　将素材文件拖入时间轴

（2）设置运动属性。

步骤 5　在时间轴窗口中选中 01 素材。选择"效果控件"面板，展开"运动"选项，将"缩放"选项设置为"100.0"。在时间轴窗口中的 V1 轨道中选中 02 素材，选择"效果控件"面板，展开"运动"选项，将"缩放"选项设置为"80.0"，如图 4-22 所示。

图 4-22　设置 01、02 素材中"运动"选项的数值

步骤6 在时间轴窗口中的V1轨道中选中03素材，选择"效果控件"面板，展开"运动"选项，将"缩放"选项设置为"115.0"。在时间轴窗口中的V1轨道中选中04素材，选择"效果控件"面板，展开"运动"选项，将"缩放"选项设置为"165.0"。如图4-23所示。

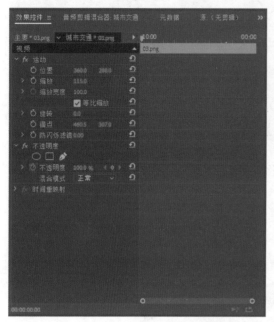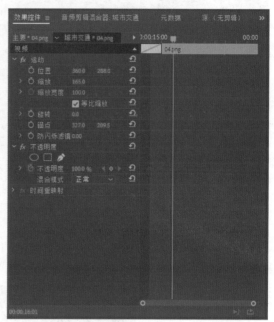

图4-23 设置03、04素材中"运动"选项的数值

（3）添加过渡效果。

步骤7 选择"窗口—效果"命令，弹出"效果"面板，展开"视频过渡"特效分类选项，单击"溶解"文件夹，选中"叠加溶解"特效。将"叠加溶解"特效拖到时间轴窗口中的01素材的结束位置和02素材的开始位置，如图4-24所示。

图4-24 添加"叠加溶解"特效

步骤8 选择"效果"面板，展开"视频过渡"特效分类选项，单击"擦除"文件夹，选中"插入"特效。将"插入"特效拖到时间轴窗口中的02素材的结束位置和03素材的开始位置，如图4-25所示。

图 4-25 添加"插入"特效

步骤 9 选择"效果"面板，展开"视频过渡"特效分类选项，单击"擦除"文件夹，选中"风车"特效。将"风车"特效拖到时间轴窗口中的 03 素材的结束位置和 04 素材的开始位置，效果如图 4-26 所示。

图 4-26 添加"风车"特效

（4）导出视频文件。

步骤 10 单击"导出"按钮，对项目进行编码导出。

（5）播放动画。

步骤 11 最后，在指定位置可以找到渲染出的影片文件，可双击进行查看。

四、同步训练

步骤1 启动 Premiere Pro CC，单击"新建"，创建一个新的项目文件，在"名称"文本框中输入"美味果蔬"，如图 4-27 所示。

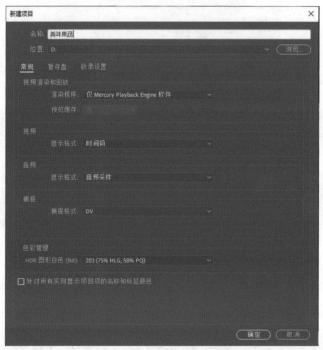

图 4-27 新建项目命名"美味果蔬"

步骤2 在新建序列对话框中，选择序列预设面板中的"DV-PAL—宽屏 48 kHz"选项，如图 4-28 所示。

图 4-28 序列预设设置为宽屏 48 kHz

步骤 3 选择素材文件夹中的"果蔬""01""02""03""04"素材图片导入到项目面板中。

步骤 4 按住【Ctrl】键,在"项目"面板中分别单击"果蔬""01""02""03""04"素材并将其拖到时间轴窗口中的 V1 轨道中,如图 4-29 所示。

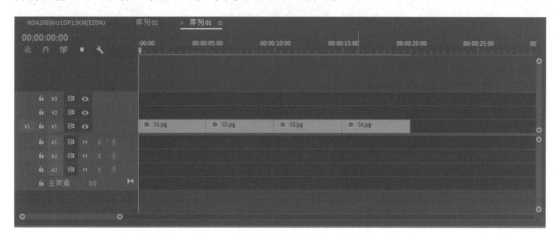

图 4-29　将素材文件拖入时间轴

步骤 5 选择"窗口—效果"命令,弹出"效果"面板,展开"视频过渡"分类选项,单击"滑动"文件夹,选中"中心拆分"特效。将"中心拆分"特效拖到时间轴面板中果蔬素材的结束位置与 01 素材的开始位置,如图 4-30 所示。

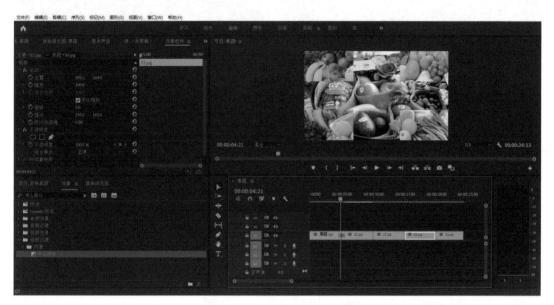

图 4-30　添加"中心拆分"特效

步骤 6 选择"效果"面板,展开"视频过渡"分类选项,单击"擦除"文件夹,选中"随机块"特效。将"随机块"特效拖到时间轴面板中 01 素材的结束位置与 02 素材的开始位置,如图 4-31 所示。

Premiere Pro CC影视编辑教程

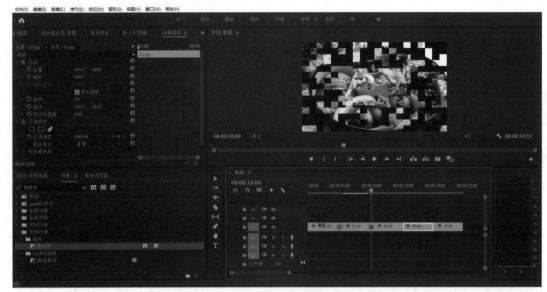

图4-31 添加"随机块"特效

步骤7 选择"效果"面板，展开"视频过渡"分类选项，单击"缩放"，选中"交叉缩放"特效。将"交叉缩放"特效拖到时间轴面板中02素材的结束位置与03素材的开始位置，如图4-32所示。

图4-32 添加"交叉缩放"特效

步骤8 选择"效果"面板，展开"视频效果"分类选项，单击"过时"文件夹，选中"自动颜色"特效。将"自动颜色"特效拖到时间轴面板中的02素材上。选择"效果控件"面板，展开"自动颜色"特效并进行参数设置，如图4-33所示。

84

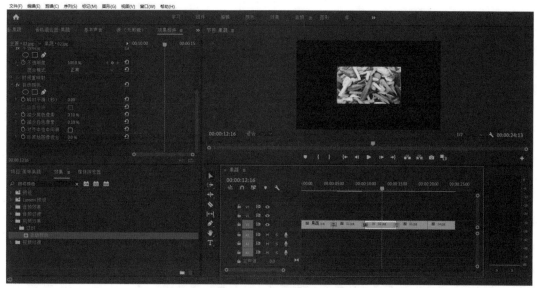

图 4-33　添加"自动颜色"特效

步骤 9　选择"效果"面板，展开"视频效果"分类选项，单击"调整"文件夹，选中"ProcAmp"特效。将"ProcAmp"特效拖到时间轴面板中的 03 素材上。选择"效果控件"面板，展开"ProcAmp"选项并进行参数设置。在"节目"窗口中预览效果。至此，制作完成，如图 4-34 所示。

图 4-34　添加"ProcAmp"特效

步骤 10　单击"导出"按钮，对项目进行编码导出。

步骤 11　最后，在指定位置可以找到渲染出的影片文件，可双击进行查看。

Premiere Pro CC影视编辑教程

4.4 头脑风暴

练习知识要点:

使用"伸展进入"命令制作视频从一边伸展覆盖效果;使用"双侧平推门"命令,制作视频展开和关闭效果;使用"缩放框"命令制作视频多个方框形状;使用"缩放比例"选项编辑图像的大小;使用"自动对比度"命令编辑图像的亮度对比度;使用"自动色阶"命令编辑图像的明亮度。

拓展阅读

电影中转场的作用

电影中转场是指两个场景或事件之间的过渡或转换,通常通过特殊的剪辑技术或过渡效果来实现。例如淡入淡出、叠化、跳跃剪接等。这些技巧可以使观众在视觉和听觉上感到两个场景之间的联系和差异,同时也增强了电影的连贯性和情感氛围。

在线测试

扫一扫 测一测

86

第 5 章 字幕制作

本章主要讲解在 Premiere Pro CC 中字幕的制作方法，并对字幕的创建、保存、字幕窗口的各项功能及使用方法进行详细的介绍。读者通过本章的学习，能快速地掌握字幕的操作技巧。

学习目标

1. 熟练掌握字幕编辑面板概述。
2. 掌握创建字幕文字对象。
3. 熟练编辑与修饰字幕文字。
4. 了解创建运动字幕。

课程思政　　　　　　　　　　**中国的字体**

字幕字体的选择直接影响了视频制作的美观性，如何为视频选择合适的字幕字体也是必修的内容。中国常见的字体有很多种，例如：楷书、行书、草书、篆书。这些字体在中国书法史上有着重要的地位和价值，每种字体都有其独特的特点和美感。

5.1　旧版标题字幕

Premiere Pro CC 提供了一个专门用来创建字幕的"字幕编辑"面板，所有文字编辑及处理都是在该面板完成的，"字幕编辑"面板功能特别强大，不仅可以创建各种各样的文字效果，而且能够绘制各种图形，为用户的文字编辑工作提供很大的便利。

5.1.1　字幕窗口简介

1. 启动"旧版标题"的方法

选择菜单"文件—新建—旧版标题"，打开"新建字幕"对话框。

2. "旧版标题"字幕窗口的组成

（1）工具面板。有 20 个工具按钮，用于添加文本、设置字幕路径和绘制几何形状。

（2）动作面板。用于对齐、居中或分布字幕或对象组。

（3）主面板。由中间的字幕预演窗口和上部的文本属性栏构成，用于创建和查看文本和图形。

（4）样式面板。显示预设的字幕样式。单击一种样式即可将其属性应用到当前选中的字幕。

（5）属性面板。用于设置文字和图形的显示效果，如变换、属性、填充、描边、阴影、背景等，如图 5-1 所示。

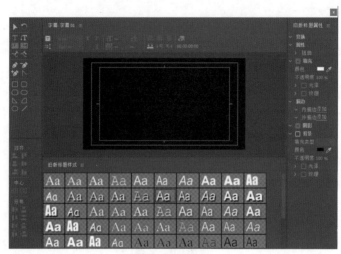

图 5-1　字幕窗口

5.1.2　字幕工具简介

使用字幕工具，可以添加和编辑文字、绘制简单的几何图形。工具面板的 20 个工具按钮的功能简介如下。

（1）选择工具。选择和移动文字或图形。与【Shift】键结合使用，可以同时选择多个对象。

（2）旋转工具。对选中的对象进行旋转调整。

（3）文字工具。输入横向文字。选择"文字工具"后，在工作区域单击，在出现的矩形框内即可输入文字。

（4）垂直文字工具。输入垂直方向的文字。

（5）区域文字工具。输入多行横向文字，该工具可以创建一个范围框作为文字的输入区域。选择该工具，在工作区域单击并拖动鼠标，出现一个矩形框，松开鼠标即可输入文字。

（6）垂直区域文字工具。在工作区域中输入多列竖向文字。使用方法与"区域文字工具"相同。

（7）路径文字工具。输入沿路径弯曲且平行于路径的文字。选择"路径输入工具"，在工作区域多次单击并拖动鼠标，绘制好文本的显示路径，然后选择"文字工具"，在路径上单击，即可输入路径文字。

（8）垂直路径文字工具。输入沿路径弯曲且垂直于路径的文字。使用方法与"路径文字工具"相同，如图 5-2 所示。

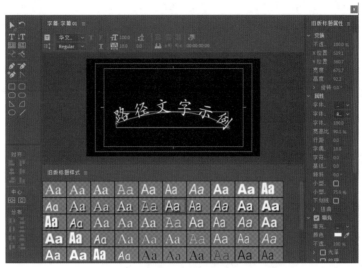

图 5-2　路径文字、垂直路径文字示例

（9）钢笔工具。绘制线条、路径或图形，也可以用来调整"路径文字工具"和"垂直路径文字工具"所创建的文本路径。选择"钢笔工具"，在文本路径的节点或控制柄上拖动，就可以调整文本路径。

（10）添加锚点工具。增加文本路径上的锚点，常常与"钢笔工具"结合使用。

（11）删除锚点工具。减少文本路径上的锚点，也常常与"钢笔工具"结合使用。

（12）转换锚点工具。可使锚点在"平滑控制点"与"角控制点"之间进行转换，并对锚点进行调整。选择该工具，单击文本路径上的节点，在节点上会出现两个控制柄，拖动控制柄可以调整路径的平滑度。该工具常常与"钢笔工具"结合使用。

（13）矩形工具。绘制矩形，选择该工具后，在工作区域内拖动即可绘制矩形。同时按住【Shift】键，可以绘制正方形。

（14）圆角矩形工具。绘制圆角矩形，使用方法与"矩形工具"一样。

（15）切角矩形工具。绘制切角矩形，使用方法与"矩形工具"一样。

（16）圆矩形工具。绘制边角为圆形的矩形形状，使用方法与"矩形工具"一样。

（17）楔形工具。绘制三角形，同时按住【Shift】键，可以绘制等腰直角三角形。

（18）弧形工具。绘制弧形，使用方法与"矩形工具"一样。

（19）椭圆形工具。绘制椭圆形，同时按住【Shift】键，可以绘制正圆形。

（20）直线工具。绘制直线。

5.1.3　创建字幕

1. 创建字幕的方法

启动"旧版标题"窗口，输入文字或绘制图形，然后设置属性。

2. 设置"滚动 / 游动选项"

打开 Premiere Pro CC 的字幕菜单便会看见有默认滚动字幕选项，还有游动字幕选项。

通过设置字幕的"滚动 / 游动选项"，可以制作动态字幕。"滚动 / 游动选项"对话框，各选项的作用如下。

（1）开始于屏幕外。选中该项，字幕将从屏幕外滚入。如果不选该项，且字幕高度大于屏幕，当将字幕窗口的垂直滚动条移到最上面时，所显示的字幕位置就是其开始滚动的初始位置。可以通过拖动字幕来修改其初始位置。"游动字幕"的设置大致相同，只是运动方向为水平方向。

（2）结束于屏幕外。选中该项，字幕将完全滚出屏幕。不选该项，如果字幕高度大于屏幕，则字幕最下侧（结束滚动位置）会贴紧下字幕安全框。"游动字幕"的设置大致相同。

（3）预卷。当不勾选"开始于屏幕外"时，设置字幕在开始"滚动 / 游动"前播放的帧数。

（4）缓入。字幕开始逐渐变快的帧数。

（5）缓出。字幕末尾逐渐变慢的帧数。

（6）过卷。当不勾选"结束于屏幕外"时，设置字幕在结束"滚动 / 游动"后播放的帧数。

5.1.4　设置字幕属性

"旧版标题"字幕窗口右侧的"旧版标题属性"面板，用于设置字幕的变换、属性、填充、描边、阴影、背景等信息，如图 5-3 所示。

图 5-3　旧版标题属性

1. 变换

"变换"区域用于设置字幕的透明度、位置、宽度、高度、旋转角度等。"变换"区域中各项参数如下。

（1）不透明度。调整字幕的透明度，值为 100% 时，完全不透明，值越小，透明度越高。

（2）X 位置。调整字幕在 X 轴上的位置。

（3）Y 位置。调整字幕在 Y 轴上的位置。

（4）宽度和高度。分别设置字幕的宽度和高度。

（5）旋转。调整字幕的角度。

2. 属性

"属性"可划分为"文字属性"和"图形属性"两个区域。

（1）"文字属性"区域中各项参数如下。

①字体系列。设置字体，单击后会出现系统中所有字体的列表。屏幕视频适合用非衬线体，即黑体。宋体是衬线体，一般不推荐用宋体。

②字体大小。设置输入文字的大小。将鼠标指向数值变为小手型后，水平向左或向右拖动即可改变字号的大小，也可单击数值然后直接输入。字号设置要针对不同的媒体形式，如在电脑、手机等设备上播放，字号要小些；在电视上播放，字号可大些。

③宽高比。设置文字的宽高比，可以使文字产生加宽或变窄的效果。

④行距。设置文字的行间距。

⑤字偶间距。设置同一行内文字间的距离。

⑥字符间距。设置文字的 X 坐标基准，可以与"字距"配合使用，从右往左排列文字。

⑦基线位移。设置文字偏移基线的距离，可用来创建上角标和下角标，数值为正数可创建上角标，数值为负数可创建下角标。

（2）"图形属性"区域中各项参数如下。

①图形类型。调整所选图形的形状，可以使对象在矩形、椭圆形、楔形、图形等形状间简单转换，也可以使用贝塞尔工具进行创意调整。

②扭曲。在 X 轴或 Y 轴方向上扭曲图形。

3. 填充

"填充"区域用于设置填充类型、颜色、不透明度、光泽和材质等。"填充"区域中各项参数用法如下。

（1）填充类型。提供了 7 种填充样式，分别是实底、线性渐变、径向渐变、四色渐变、斜面、消除和重影。

（2）颜色。指定填充的颜色。

（3）不透明度。调整填充色的透明程度。

（4）光泽。该选项为字幕添加一条辉光线。其中的"颜色"用于改变光泽的颜色；"不透明度"用于设置光泽的透明程度；"大小"用于设置光泽的宽度；"角度"用于调整光泽的角度；"偏移"用于调整光泽的位置，如图 5-4 所示。

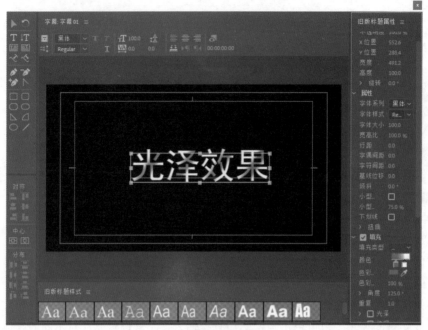

图5-4　字幕光泽效果

（5）纹理。该选项为字幕添加材质纹理效果，其中的"纹理"用于选择纹理贴图；"随对象翻转"用于对纹理贴图进行水平或垂直方向的翻转；"随对象旋转"用于对纹理贴图进行旋转；"缩放"用于调整纹理贴图的比例；"对齐"用于调整纹理贴图的位置；"混合"用于设置混合比例及混合方式。

4．描边

"描边"效果用于给字幕添加边缘轮廓线，可以添加内轮廓线和外轮廓线。单击其中的"添加"按钮，进行相应设置，即可为字幕添加描边效果。对同一字幕对象也可以多次使用描边。

5．阴影

"阴影"用于给字幕添加投影效果。参数"颜色"用于设置阴影的颜色；"不透明度"用于设置阴影的透明程度；"角度"用于设置阴影的角度；"距离"用于调整投影和文字的距离；"大小"用于设置阴影的宽度；"扩展"用于调整阴影边缘的模糊程度。

6．背景

"背景"用于给字幕添加背景效果，其中的"填充类型、颜色、不透明度、光泽、纹理"等选项与"填充"区域对应选项的作用与用法相同。

5.1.5　"旧版标题"样式

"旧版标题"预设了多种字幕样式，使用样式可以大大简化创作流程。单击"旧版标题"样式面板左上角的按钮，可以打开"旧版标题"样式的快捷菜单，实现样式的各种操作。

课堂案例——打字机效果

步骤 1 启动 Premiere Pro CC，单击新建，创建一个新的项目文件，在"名称"文本框中输入"打字机效果"，如图 5-5 所示。

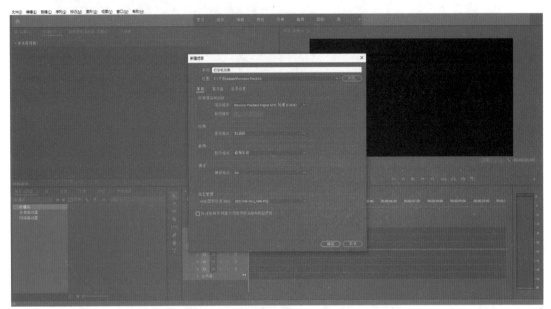

图 5-5 新建项目命名"打字机效果"

步骤 2 在新建序列对话框中，选择序列预设面板中的"DV-PAL—宽屏 48 kHz"选项，如图 5-6 所示。

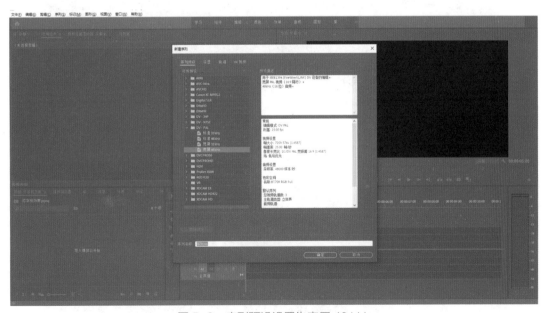

图 5-6 序列预设设置为宽屏 48 kHz

步骤 3 选择新建旧版标题，输入社会核心价值观，具体如下，如图 5-7 所示。

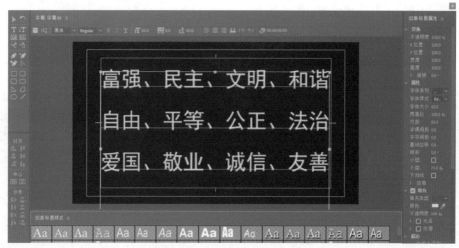

图 5-7　新建字幕

步骤 4　将字幕文件拖到时间轴面板上，时间拖动到 10 s 处，如图 5-8 所示。

图 5-8　将字幕文件拖到时间轴中

步骤 5　用【Ctrl+C】和【Ctrl+V】组合键将该图层复制 3 层，分别放到 V2 和 V3 轨道上，如图 5-9 所示。

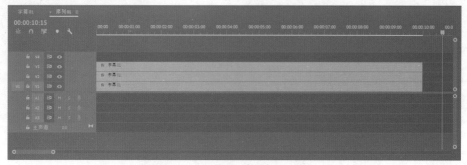

图 5-9　复制图层放入视频轨道中

步骤 6 在"效果"选项中找到"裁剪"效果，分别拖到 V1、V2、V3 轨道中，关闭 V2 和 V3 轨道的可视性，选中 V1 轨道的字幕，在"效果控件"中设置裁剪选项中的底部，设为 60.0%，如图 5-10 所示。

图 5-10 添加"裁剪"效果

步骤 7 打开 V2 轨道的可视性，选中轨道中的视频，在"效果控件"中设置裁剪选项中的底部和顶部，都设为 40.0%，如图 5-11 所示。

图 5-11 调整裁剪选项中底部和顶部的数值

步骤 8 打开 V3 轨道的可视性，选中轨道中的视频，在"效果控件"中设置裁剪选项中的顶部，设为 60.0%，如图 5-12 所示。

图 5-12　调整裁剪选项中顶部的数值

步骤 9 选择 V1 轨道，在"效果控件"中选择"裁剪"，将时间指针拖动到 0 s 处，在"裁剪"选项的"右侧"选择中打上动画关键帧，设置数值为 90.0%，将时间指针拖到 3 s 处，设置数值为 0，如图 5-13 所示。

图 5-13　调整 V1 裁剪，并添加关键帧

步骤 10 选择 V2 轨道，在"效果控件"中选择裁剪，将时间指针拖动到 3 s 处，在裁剪选项中的"右侧"选择中打上动画关键帧，设置数值为 90.0%，将时间指针拖到 6 s 处，设置数值为 0，如图 5-14 所示。

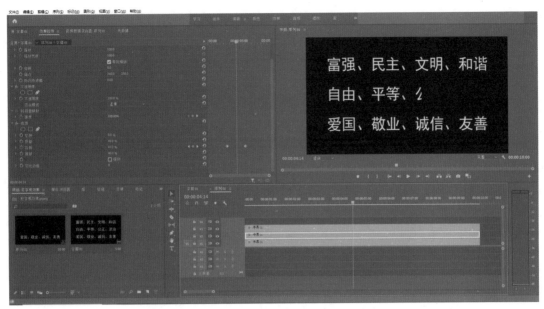

图 5-14　调 V2 整裁剪，并添加关键帧

步骤 11　选择 V3 轨道，在"效果控件"中选择裁剪，将时间指针拖动到 6 s 处，在裁剪选项的"右侧"选择中打上动画关键帧，设置数值为 90.0%，将时间指针拖到 9 s 处，设置数值为 0，打字机效果制作完成，如图 5-15 所示。

图 5-15　调整 V3 裁剪，并添加关键帧

步骤 12　单击"导出"按钮，对项目进行编码导出。

步骤 13　最后，在指定位置可以找到渲染出的影片文件，可双击进行查看。

5.2　新版字幕

　　字幕有助于观众更好地理解画面含义，是影视中重要的信息表达元素，具有补充、说明、强调和美化屏幕的作用。Premiere Pro CC增强了字幕制作功能，可以更方便地制作对白字幕或解说词字幕。已设计好的字幕或图形，可以作为静态标题、动态字幕或者单独的剪辑添加到视频中。

5.2.1　通过"字幕"面板创建字幕

1. 启动"字幕"面板

　　启动"字幕"面板的方法如下。

　　（1）选择菜单"文件—新建—字幕"，打开"新建字幕"对话框；

　　（2）单击"项目"窗口下方的"新建项"图标，从弹出的菜单中选择"字幕"选项；

　　（3）右击"项目"窗口的空白处，从弹出的快捷菜单中选择"新建项目—字幕"选项；

　　（4）在弹出的"新建字幕"对话框中，打开"标准"选项，选择"开放式字幕"，单击"确定"按钮，新建的字幕会自动添加到"项目"面板中，如图5-16所示。

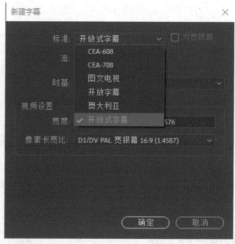

图5-16　新建"开放式字幕"

2. 字幕面板

　　双击项目面板中的字幕图标，即可打开"字幕"面板。"字幕"面板是完成字幕的建立和修改的工作场所，包括：字幕属性区、字幕排列区和字幕添加/删除按钮。

　　（1）字幕属性区。可以对文字的字体、样式、大小、对齐、颜色、背景、透明度、位置等属性进行设置。

　　（2）字幕排列区。可以输入字幕文本；通过调整入点、出点的时间设定，调整每一字幕的显示时长，使画面与字幕精准对齐。把字幕拖放到视频轨道上，可以在节目监视器窗口实时查看编辑效果。

（3）字幕添加 / 删除按钮。可以添加或删除本字幕文件包含的字幕内容。

3．导出字幕

如果想在其他项目中使用当前项目的字幕，可以把当前项目的字幕导出为单独文件，然后从其他项目导入。导出字幕可执行以下操作：选中项目面板中要导出的字幕，然后执行菜单命令"文件—导出—字幕"，在弹出的对话框中，设置字幕的格式、保存路径以及文件名。

4．导入字幕

要在项目中使用外部字幕，可执行菜单命令"文件—导入"，在弹出的对话框中找到字幕文件并双击，即可把字幕导入到当前项目中。导入的字幕将成为当前项目文件的一部分。

5.2.2　使用文字工具创建字幕

1．创建字幕

选择"文字工具"或者，在"节目监视器"窗口单击或者拖出一个矩形区域，即可输入字幕文本，同时系统会自动生成一个图形层。

2．调整文本属性

打开"效果控件"面板，可以对字幕排列、对齐、字体、大小、位置、旋转、填充、描边等属性进行修改。打开"基本图形"面板，选择"编辑"选项卡，也可以设置字幕的相关属性，如图 5-17 所示。

图 5-17　调整文本属性

固定到：可选择一个图层或视频帧，跟踪该图层上的所有变换属性。

主样式：可以把设置好的文本效果保存为"样式"，然后在其他文本上直接应用。

3. "基本图形"模板

单击"基本图形"面板的选择"浏览"选项卡，即可打开图形模板库，选择一个模板拖放到视频轨道，可以套用该模板。套用的模板，可以在"基本图形"面板的"编辑"选项卡下进行修改。也可以定制自己的图形模板：右键单击时间线上的字幕图形，在弹出菜单中选择"导出为动态图形模板"命令，即可把它作为模板添加到图形模板库中。

4. 制作滚动字幕

单击文字以外的区域，以取消对文字的激活状态，即可展开滚动字幕设计面板。勾选"滚动"，设置相关参数，可以制作滚动字幕效果，如图5-18所示。

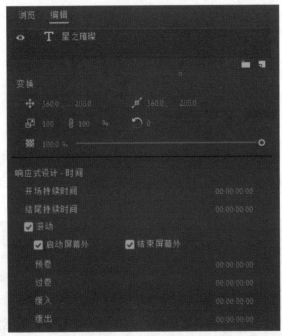

图5-18 制作滚动字幕

（1）启动屏幕外。选中该项，字幕将从屏幕外滚入。如果不选该项，且字幕高度大于屏幕，当将字幕窗口的垂直滚动条移到最上面时，所显示的字幕位置就是其开始滚动的初始位置。可以通过拖动字幕来修改其初始位置。

（2）结束屏幕外。选中该项，字幕将完全滚出屏幕。不选该项，如果字幕高度大于屏幕，则字幕最下侧（结束滚动位置）会贴紧下字幕安全框。

（3）预卷。设置字幕在开始"滚动"前播放的帧数。

（4）过卷。设置字幕在结束"滚动"后播放的帧数。

（5）缓入。字幕开始逐渐变快的帧数。

（6）缓出。字幕末尾逐渐变慢的帧数。

5.2.3 使用"简单文本"创建字幕

使用"简单文本"视频效果，可以在"节目"面板直接为视频素材添加简单文字。

课堂案例——茶文化

步骤 1 启动 Premiere Pro CC，单击新建，创建一个新的项目文件，在"名称"文本框中输入"茶文化"，如图 5-19 所示。

图 5-19 新建项目命名"茶文化"

步骤 2 在新建序列对话框中，选择序列预设面板中的"DV-PAL—宽屏 48 kHz"选项，如图 5-20 所示。

图 5-20 序列预设设置为宽屏 48 kHz

步骤 3 导入"茶文化"素材文件并拖到时间轴轨道中，并将时间轴设置为 5 s，如图 5-21 所示。

图 5-21　导入素材文件

步骤 4　新建旧版标题文件，输入如下文字，并为文字选择合适的字体，在此选择"隶书"。为文字位置与画面匹配字体颜色和大小，并对文字进行分段排列的处理，如图 5-22 所示。

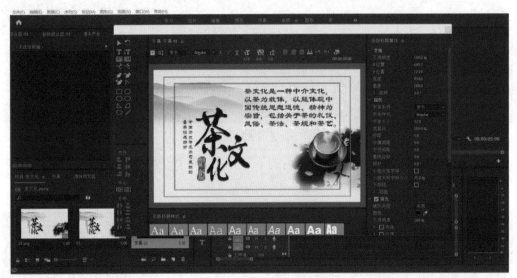

图 5-22　新建字幕文件，并调整数值

步骤 5　下面为画面配上音乐，导入音乐素材，为了画面和节奏相配，对画面及音乐进行试播放，如图 5-23 所示。

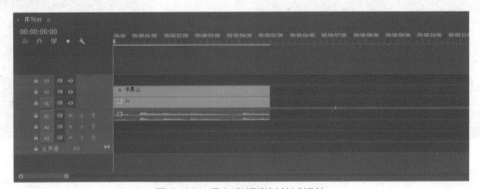

图 5-23　导入音频素材并试播放

步骤 6　为画面和音乐加入渐入渐出的效果。选择"效果"面板，展开"视频过渡"分类选项，单击"溶解"文件夹，选中"黑场过渡"特效，将"黑场过渡"拖到字幕文件和视频素材的头部和尾部；选择"效果"面板，展开"音频过渡"分类选项，单击"交叉淡化"文件夹，选中"指数淡化"特效，将"指数淡化"加入音频文件头部和尾部，如图 5-24 所示。

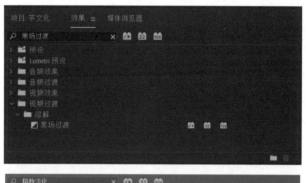

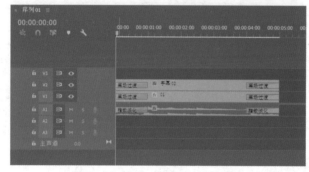

图 5-24 添加"黑场过渡"特效

步骤 7 单击"导出"按钮，对项目进行编码导出。

步骤 8 最后，在指定位置可以找到渲染出的影片文件，可双击进行查看。

5.3 综合实训

训练 北斗导航系统

一、任务提出

能熟练掌握制作字幕的方法，掌握区域字幕工具编辑多行多段文字的方法，掌握文字排版的方法，以及能熟练掌握字幕字体、文字尺寸、填充、描边、阴影等不同文字效果的设置方法。

二、任务分析

使用 Premiere Pro CC 软件完成以下操作。

（1）新建项目，导入素材文件；

（2）添加文字蒙版；

（3）新建开放式字幕文件；

（4）设置字幕属性；

（5）导出视频文件；

（6）播放动画。

三、任务实施

（1）新建项目，导入素材文件。

步骤1　启动 Premiere Pro CC，单击"新建"，创建一个新的项目文件，在"名称"文本框中输入"北斗导航系统"，如图 5-25 所示。

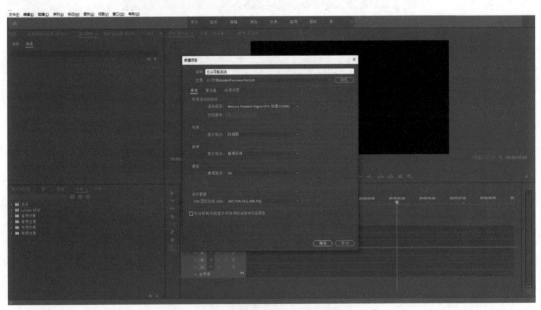

图 5-25　新建项目命名"北斗导航系统"

步骤2　在新建序列对话框中，选择序列预设面板中的"DV-PAL—宽屏 48 kHz"选项，如图 5-26 所示。

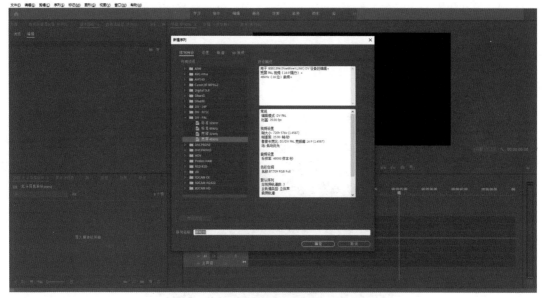

图 5-26 序列预设设置为宽屏 48 kHz

步骤 3 导入素材文件夹中的"北斗 .mp4",然后拖到 V1 轨道,作为背景。

(2)添加文字蒙版。

步骤 4 定位时间指针到第 10 s 处,单击"工具"面板的"垂直文字工具",然后在"节目"窗口的图像上单击,系统会自动在空白轨道创建一个"图形"层。在光标后输入"北斗导航系统"。

步骤 5 设置此字幕图形在时间线的"持续时间"为 00:00:05:00。选择输入的文字,打开"基本图形"面板,设置文字的参数,"位置"为"90.0,40.0";"缩放"为"77";"不透明度"为"100";"字体"为"STXingkai";"填充"为"#FFFFFF";"描边"为"#0C8DED,7.0";"阴影"为"#000000,64%,135°",如图 5-27 所示。

图 5-27 打开"基本图形"面板,设置文字的参数

提示：如果有的文字在字幕中无法正确显示，可以通过更换字体的方法来解决。

（3）新建开放式字幕文件。

步骤 5 创建解说字幕。选择"文件—新建—字幕"命令，打开"新建字幕"对话框，选择"标准"为"开放式字幕"，其他参数不变，如图5-28所示。

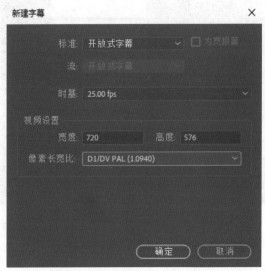

图5-28 新建"开放式字幕"

（4）设置字幕属性。

步骤 6 单击"确定"按钮，新建的字幕文件自动添加到"项目"面板中，把新建的"字幕"拖到V3轨道，设置入点为0 s，出点与视频素材"北斗.mp4"相同。单击字幕文件，然后打开"字幕"面板，在面板的文本输入区输入第一段字幕文字，设置"字体"为"微软雅黑"，"大小"为"22"，"边缘"为"0"，"背景颜色"为"#1868D5"，"背景不透明度"为"76%"，"文本颜色"为"#FFFFFF"，"入点"为"00：00：15：00"，"出点"为"00：00：20：00"，最后单击"位置字幕块"的下排中间方块，如图5-29所示。

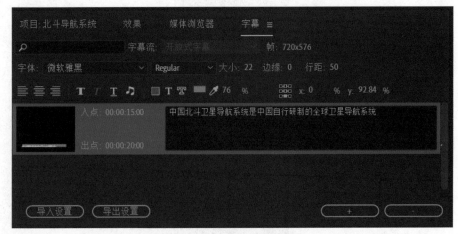

图5-29 设置字体、大小、边缘、背景颜色、入点、出点等

步骤 7 单击"字幕"窗口下方的"添加字幕"按钮，在新的文本输入区输入第二段字幕

文字，设置"入点"为"00：00：20：00"，"出点"为"00：00：25：00"，其他参数保持不变。用同样的方法，继续添加字幕内容，设置每段字幕的时间间隔为 5 s。最后，打开"效果控件"面板，修改字幕的"位置"值为："360.0，326.0"，如图 5-30 所示。

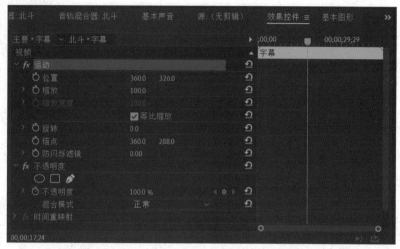

图 5-30　用同样的方法，继续添加字幕内容，修改位置数值

（5）导出视频文件。

步骤 8　单击"导出"按钮，对项目进行编码导出。

（6）播放动画。

步骤 9　最后，在指定位置可以找到渲染出的影片文件，可双击进行查看。

四、同步训练

步骤 1　启动 Premiere Pro CC，单击"新建"，创建一个新的项目文件，在"名称"方框中输入"社会主义核心价值观"，如图 5-31 所示。

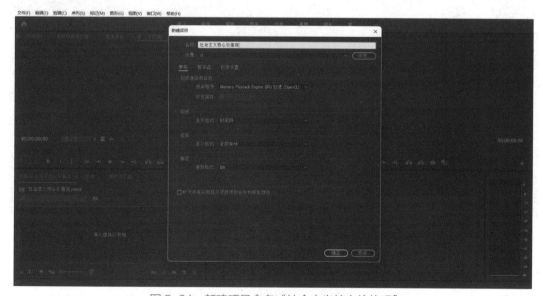

图 5-31　新建项目命名"社会主义核心价值观"

Premiere Pro CC影视编辑教程

步骤 2 在新建序列对话框中，选择序列预设面板中的"DV-PAL—宽屏 48 kHz"选项，如图 5-32 所示。

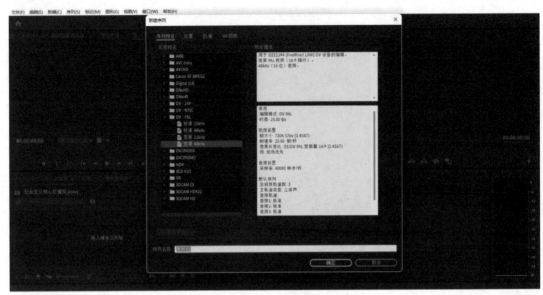

图 5-32 序列预设设置为宽屏 48 kHz

步骤 3 新建"旧版标题"字幕，命名为"背景"，使用"矩形工具"画一个刚好覆盖视频区域的矩形。设置矩形的属性，填充类型：线性渐变；填充颜色：从上至下为 FFD800 和 E5E5E5；纹理图像：01.jpg；缩放：对象 X、Y 均为"纹理"；混合：−40.0%，如图 5-33 所示。

图 5-33 新建"旧版标题"字幕，绘制矩形设置矩形的属性

步骤 4 把项目窗口的字幕素材"背景"拖到 V1 轨道，设置持续时间为 7 s。新建"旧版标题"字幕，命名为"社会主义核心价值观"，使用"文字工具"创建文本"社会主义核心价值观"。为文本设置属性，"字体"为"黑体"；"大小"为"69"，"颜色"为"#000000"，如图 5-34 所示。

108

图 5-34 新建"旧版标题"字幕，设置文本属性

步骤 5 新建"旧版标题"字幕，命名为"内容"。使用"区域文字工具"创建文本区，把素材"文字 .doc"中的文字复制粘贴进去。设置文本属性，"字体"为"微软雅黑"；"大小"为"32.0"，"颜色"为"#000000"，如图 5-35 所示。

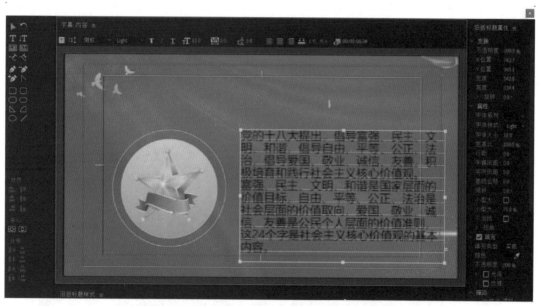

图 5-35 新建"旧版标题"字幕，设置文本属性

步骤 6 关闭"旧版标题"窗口。把项目窗口的字幕素材"心系疫情"拖到 V2 轨道，设置持续时间为 7 s。为 V2 轨道添加"旋转扭曲"视频效果，打开"效果控件"，设置"旋转扭曲半径"为"52.0"，将播放指针定位至 0 s 处，单击"角度"左边的切换动画按钮添加关键帧，将"角度"值设为"2×22.0°"，如图 5-36 所示。

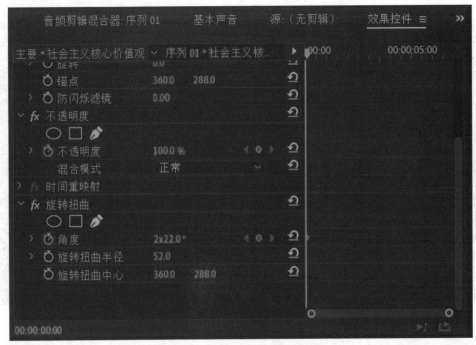

图5-36　设置旋转视频效果数值

步骤7　将播放指针定位至 00：00：01：13 处，设置"旋转扭曲"的"角度"为"0"。将播放指针定位至 00：00：02：13 处，在"旋转扭曲"效果的"角度"和"运动"的"位置""缩放"属性上分别添加关键帧。将播放指针位置定位至 00：00：03：13 处，调整参数如下，位置"360.0，210.0"；缩放"80.0"；角度"5×206.0°"，如图5-37所示。

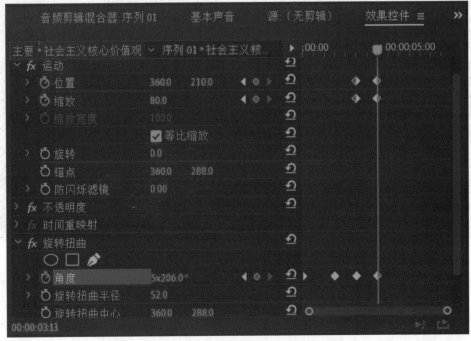

图5-37　添加角度、位置和缩放的关键帧

步骤8 把字幕"内容"拖到 V3 轨道，将其"开始"点定位在 00：00：04：13 处，"结束"点定位在 00：00：07：00 处，在"开始"点处添加"VR 默比乌斯缩放"视频过渡效果。选择 V2 轨道，在"位置"和"缩放"属性上分别添加关键帧。选择 V3 轨道，同样在"位置"和"缩放"属性上分别添加关键帧。

步骤9 将播放指针位置定位至 00：00：05：13 处，选择 V2 轨道，打开"效果控件"，设置参数为位置"155.0，87.0"；缩放"36.0"。选择 V3 轨道，设置参数为位置"360.0，230.0"，如图 5-38 所示。

图 5-38　设置 V2、V3 轨道字幕的"位置"和"缩放"属性的数值

步骤10 单击"导出"按钮，对项目进行编码导出。

步骤11 最后，在指定位置可以找到渲染出的影片文件，可双击进行查看。

5.4　头脑风暴

练习知识要点：

使用"轨道遮罩键"命令制作文字蒙版；使用"缩放"选项制作文字大小动画；使用"不透明度"选项制作文字不透明动画效果。

📖 拓展阅读

什么是蒙版

　　蒙版（Mask）是一种在数字图像处理和视频编辑中广泛使用的技术，它可以用于控制图像或视频中的特定区域的可见性。蒙版的来源可以追溯到早期的计算机图形学领域，当时人们使用遮罩来隐藏或显示图像的一部分。随着数字图像处理技术的发展，蒙版已经成为视频编辑和图像处理中不可或缺的一部分。

在线测试 ⚙

扫一扫　测一测

第6章 视频特效制作

本章主要讲解在 Premiere Pro CC 中的视频特效，这些特效可以应用在视频、图片和文字上。读者通过本章的学习，可以快速了解并掌握视频特效制作的精髓部分，从而创造出丰富多彩的视觉效果。

学习目标

1. 了解视频特效的应用。
2. 熟练掌握关键帧控制效果的使用。
3. 掌握视频特效与特效的操作。

课程思政　　　　　　　　什么是视频剪辑特效制作

视频剪辑特效制作是一门结合了计算机技术、数字图像处理和艺术创意的综合性工作，需要视频制作者精益求精、认真面对、用心打磨，不断追求极致和完美，展现新一代的工匠精神。在视频剪辑特效制作中，技术和艺术相互融合，共同创造出令人震撼的视觉效果。

6.1　视频特效

为素材添加一个特效很简单，只需将特效从"效果"面板中拖到时间轴窗口中的素材上即可。如果素材片段处于被选中状态，用户可以将效果拖到该片段的"效果控件"窗口中。

在影视制作的后期过程中，为视频添加相应的效果，可以弥补拍摄过程中的画面缺陷，使得影视作品更加完美和出色；同时，借助于视频效果，还可以完成许多现实生活中无法实现的特技场景。

6.1.1　添加视频效果

在 Premiere Pro CC 中，可以为同一段素材添加一个或多个视频效果，也可以为视频中的某一部分添加视频效果。

添加视频效果的方法为：在"效果"面板中，单击"视频效果"文件夹，选择某个效果类型下的一种视频效果，将其拖到视频轨道中需要添加效果的素材上，此时素材对应的"效果控件"面板上会自动添加该视频效果的选项。

6.1.2　为效果创建蒙版

在"效果控件"面板中，通过创建蒙版，可以限定"视频效果"的作用范围，视频效果只会影响蒙版区域以内的画面内容。在"效果控件"面板中效果名称下的添加蒙版按钮中选择一种形式，然后调整"位置""羽化"等参数即可添加蒙版，如图 6-1 所示。

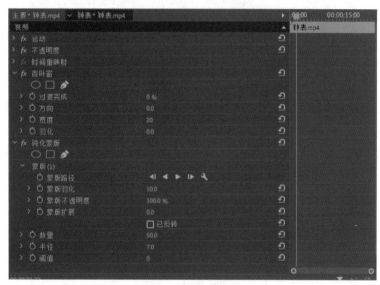

图 6-1　创建蒙版

6.1.3　删除视频效果

要删除视频效果，可以采用以下两种方法。

（1）在"效果控件"面板中选中需要删除的视频效果，按【Delete】或【Backspace】键。

（2）右键单击需要删除的视频效果，选择"清除"命令。

6.1.4　复制和移动视频效果

在"效果控件"面板中，选中设置好的视频效果，使用"编辑"菜单中的"复制""剪切""粘贴"命令，可以复制或移动视频效果到其他素材上。

6.1.5　设置效果关键帧

单击"效果"选项前面的"切换动画"按钮，可以在当前时间指针位置添加一个效果关键帧，然后拖动时间指针位置，修改"效果选项"的参数，系统会自动将该修改添加为关键帧。

要删除已添加的效果关键帧，可以选中关键帧后按【Delete】键，或者右击该关键帧，选择"清除"命令。

课堂案例——汉字书法特效

步骤1 启动 Premiere Pro CC，单击"新建"，创建一个新的项目文件，在"名称"文本框中输入"汉字书法特效"，如图6-2所示。

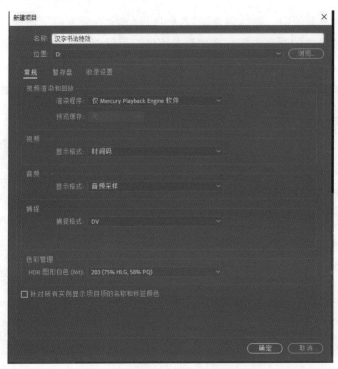

图6-2 新建项目命名"汉字书法特效"

步骤2 在新建序列对话框中，选择序列预设面板中的"DV-PAL—宽屏48 kHz"选项，如图6-3所示。

图6-3 序列预设为宽屏48 kHz

步骤3 新建字幕文件，在字幕窗口打出一个中文字"仁"，并设置字体为"方正北魏楷书"，字体颜色为"红色"，如图6-4所示。

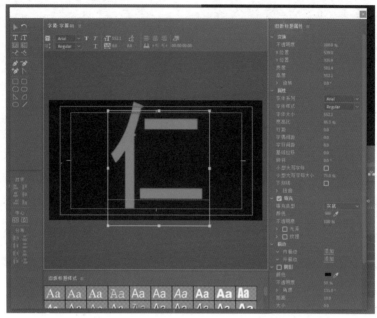

图6-4 新建字幕文件

步骤4 把字幕文件拖到时间轴中，选择"效果"面板，找到"书法"效果，拖到时间轴的字幕上。打开时"效果控件"面板，在画笔位置打上关键帧，画笔颜色改为"红色"，如图6-5所示。

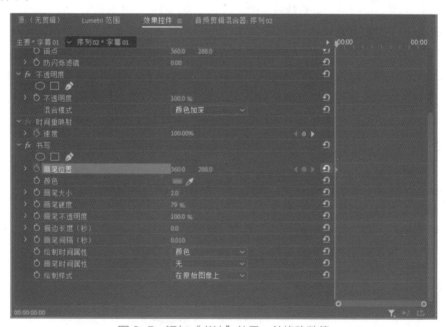

图6-5 添加"书法"效果，并修改数值

步骤5 将画笔位置沿着字体笔画移动，每移动一次打一个关键帧，打完单击播放即可得到书法效果，如图 6-6 所示。

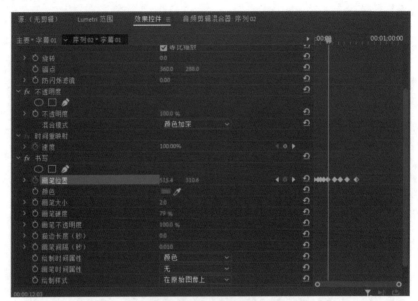

图 6-6　添加关键帧

6.2　特效操作

在 Premiere Pro CC 中，特效制作的作用主要是对视频素材进行各种处理，以达到更好的视觉效果。常用的视频特效包括剪辑特效、转场特效、调色特效、图像特效和动画特效等。例如，剪辑特效可以用于对视频素材进行剪切、切割、删除、移动等基本剪辑操作；转场特效可以平滑地将两个视频片段连接在一起，使视频过渡自然；调色特效可以调整视频素材的色彩和明暗度，使视频更加生动；图像特效可以对视频素材进行图像处理，使画面更加清晰；动画特效可以对视频素材进行动画处理，使画面更加生动。这些特效可以根据具体的视频素材和需求进行选择和调整，以达到更好的效果。本节主要介绍视频剪辑过程中常用的一些效果。

6.2.1　Obsolete

Obsolete 仅包含"快速模糊"一个效果，可以对图像进行快速模糊处理。

（1）模糊度。可以指定模糊的程度。

（2）模糊维度。可以指定模糊的方向。

（3）重复边缘像素。选择该复选框，就会重复边缘的像素。

6.2.2　变换类视频效果

变换类视频效果可以让图像发生二维的变化，该视频效果包括 4 种类型。

（1）垂直翻转。将素材在垂直方向上翻转，没有选项参数。

（2）水平翻转。将素材在水平方向上翻转，没有选项参数。

（3）羽化边缘。可以对素材的边缘进行羽化。

（4）裁剪。根据需要对素材的周围进行修剪。

6.2.3 图像控制类视频效果

图像控制类视频效果的主要作用是调整图像的色彩，弥补素材的画面缺陷。该视频效果包括5种类型。

（1）灰度系数校正。通过改变图像中间色调的亮度来调节图像的明暗度，其"灰度系数"参数用来调整素材的明暗程度，如图6-7所示。

图6-7　调整灰度系数参数

（2）颜色平衡（RGB）。颜色平衡（RGB）是通过调整图像的RGB值来改变图像色彩。

（3）颜色替换。在保持灰度级不变的前提下，用一种新的颜色替代选中的色彩及和它相似的色彩。通过设置"目标颜色"与"替换颜色"，结合调整"相似性"的值，就可以实现颜色替换效果，如图6-8所示。

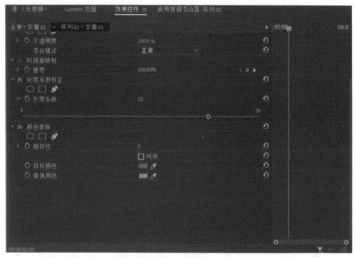

图6-8　颜色替换

（4）颜色过滤。颜色过滤是只保留指定的色彩，没有被指定的色彩将被转化为灰色。

（5）黑白。黑白是将彩色图像转化为黑白图像。

6.2.4　实用程序类视频效果

此类只有"Cineon 转换器"一种效果，可以增强素材的明暗及对比度，让亮的部分更亮，暗的部分更暗，其参数设置及对应的视频效果，如图 6-9 所示。

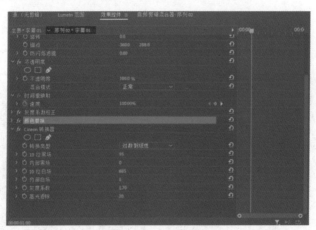

图 6-9　Cineon 转换器

6.2.5　扭曲类视频效果

扭曲类视频效果可以创建变形效果或者修复变形效果，该视频效果包括 12 种类型。

（1）位移。位移是将素材进行上下或左右的偏移。

（2）变形稳定器 VFX。变形稳定器 VFX 可以用来校正由于拍摄时设备抖动而导致的不平稳画面。使用默认参数校正后的稳定效果一般不错，若觉得不满意，可以在效果控件面板中找到稳定器修改参数。

（3）变换。变换可以使素材产生二维几何变化，其参数设置及对应的视频效果，如图 6-10 所示。

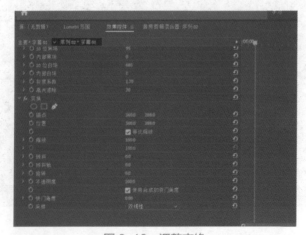

图 6-10　调整变换

（4）放大。放大可以对素材的某一个区域进行放大处理，如同放大镜观察图像区域一样，其参数设置及对应的视频效果，如图 6-11 所示。

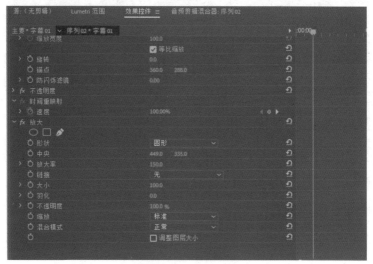

图 6-11　调整放大

（5）旋转。旋转可以使素材沿着其中心旋转，越靠近中心，旋转越剧烈。

（6）果冻效应修复。果冻效应修复可以修复拍摄高速运动物体时，因逐行扫描速度不够而出现的"倾斜""摇摆不定""部分曝光"等画面变形。

（7）波形变形。波形变形可以使素材产生波浪状的变形。

（8）球面化。球面化可以使素材以球化的状态显示，产生凸起变形效果。

（9）紊乱置换。紊乱置换可以使素材产生一种不规则的湍流变相效果。通过调整数量、大小、偏移、复杂度和演变等参数，可以制作出想要的扭曲效果。

（10）边角定位。边角定位可以设置素材 4 个角的位置，对画面进行透视和弯曲处理。可以通过修改"效果控件"中的参数值调整边角的位置，也可以直接在"节目"窗口中拖动画面上 4 个角上的位置控制点来调整边角的位置。

（11）镜像。镜像可以将沿分割线划分的图像反射到另外一边，可以通过角度控制镜像图像到任意角度。

（12）镜头扭曲。镜头扭曲可以创建一种通过扭曲的透镜观看画面的效果。

6.2.6　时间类视频效果

时间类视频效果可以控制素材的时间效果，产生跳帧和重影等效果，该视频效果包括 4 种类型。

（1）像素运动模糊。像素运动模糊可以产生较为逼真的运动模糊效果。

（2）抽帧时间。抽帧时间通过改变素材播放的帧速率来回放素材，输入较低的帧速率会产生跳帧的效果。

（3）时间扭曲。时间扭曲可以生成时间的错位扭曲以及源裁剪等效果。

（4）残影。残影可以混合同一素材中不同的时间帧，从而产生条纹或反射效果，如

图 6-12 所示。

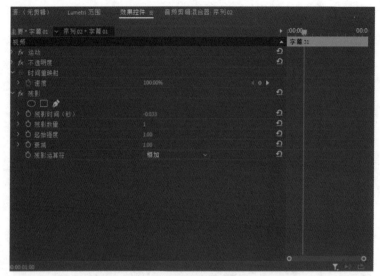

图 6-12　调整残影

6.2.7　杂色与颗粒类视频效果

杂色与颗粒类视频效果可以为素材添加噪点效果，该视频效果包括 5 种类型。

（1）中间值。中间值可以将图像素材的每个像素用其周围的 RGB 平均值来代替平均画面的色值，形成一定的艺术效果。

（2）杂色。杂色可以使素材产生随机的噪波效果。

（3）杂色 Alpha。杂色 Alpha 可以设置在 Alpha 通道中生成噪波。

（4）杂色 HLS 和杂色 HLS 自动。杂色 HLS 和杂色 HLS 自动通过色调、亮度和饱和度来设置噪波。

（5）蒙尘与划痕视频效果。蒙尘与划痕通过改变相异的像素，模拟灰尘的噪波效果，可以用来制作老电影的视频效果。

6.2.8　模糊和锐化类视频效果

模糊类效果可以使图像模糊，而锐化类效果可以锐化图片，提高图像的边缘效果，该视频效果包括 7 种类型。

（1）复合模糊。复合模糊基于亮度值模糊图像，在其"模糊图层"参数中可以选择一个视频轨道中的图像。根据需要用一个轨道中的图像模糊另一个轨道中的图像，能够实现重叠效果。

（2）方向模糊。方向模糊可以使图像的模糊具有一定的方向性，从而产生一种动感的效果。

（3）像机模糊。像机模糊可以模拟摄像机镜头失焦所产生的模糊效果，"百分比模糊"参数用来设置模糊的程度。结合蒙版，可以创造背景虚化的效果。

（4）通道模糊。通道模糊通过改变图像中颜色通道的模糊程度来实现画面的模糊效果。

（5）钝化蒙版。钝化蒙版主要通过定义边缘颜色之间的对比度，对图像的色彩进行锐化处理，如图 6-13 所示。

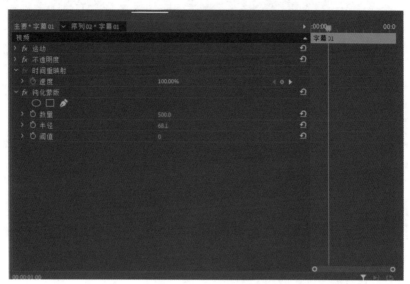

图 6-13　调整钝化模板

（6）锐化。锐化是通过增加相邻像素的对比度，达到提高图像清晰度的效果。

（7）高斯模糊。高斯模糊是通过高斯运算的方法生成模糊效果。应用该效果，可以达到更加细腻的模糊效果，其参数包括"模糊度"和"模糊尺寸"。

6.2.9　生成类视频效果

生成类视频效果可以在画面中产生炫目的特殊效果，该视频效果包括 12 种类型。

（1）书写。书写是模拟使用画笔在指定的层中进行绘画、写字等效果。

（2）单元格图案。单元格图案可设置基于噪波形式的各类图案，如图 6-14 所示。

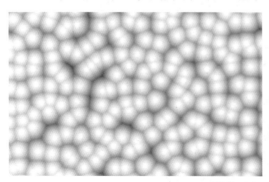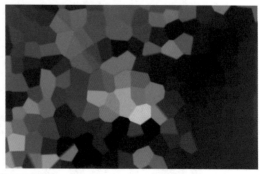

图 6-14　单元格图案

（3）吸管填充。吸管填充可以将样本色彩应用到图像上进行混合，其参数设置如下。

①采样点。通过调整参数来设置颜色的取样点，如图 6-15 所示。

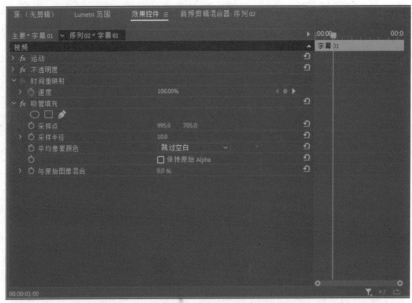

图 6-15　调整采样点

②采样半径。设置取样位置的大小。

③平均像素颜色。用来选择平均像素颜色的方式。

④保持原始 Alpha。选择该复选框，Alpha 通道不会产生变化。

⑤与原始图像混合。用来选择颜色与原始素材的混合比例。

（4）四色渐变。四色渐变是在素材之上产生 4 种颜色渐变填充，并与素材进行不同模式的混合，如图 6-16 所示。

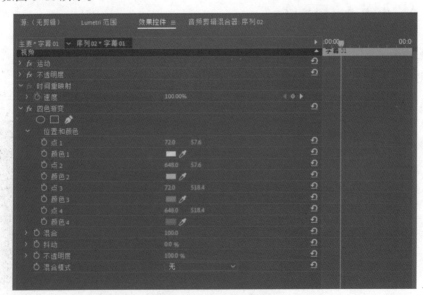

图 6-16　调整四色渐变

（5）圆形。圆形是创建圆形并与素材相混合。

（6）棋盘。棋盘是创建棋盘网格并与素材相混合。

（7）椭圆。椭圆可以在颜色背景上创建椭圆，用作遮罩，也可以直接与素材混合，如图6-17所示。

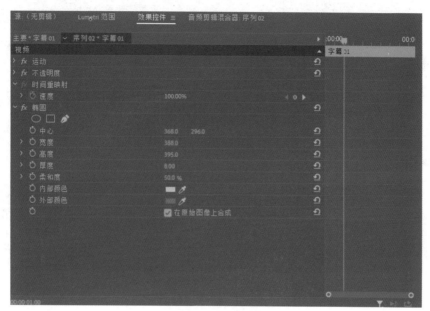

图 6-17　调整椭圆

（8）油漆桶。油漆桶是根据需要将指定的区域替换成一种颜色，还可以设置颜色与素材混合的样式。

（9）渐变。渐变是在图像上创建一个颜色渐变斜面，并可以使其与原素材融合。

（10）网格。网格是创建网格并与素材相混合。

（11）镜头光晕。镜头光晕可以模拟镜头拍摄阳光而产生的光环效果，如图6-18所示。

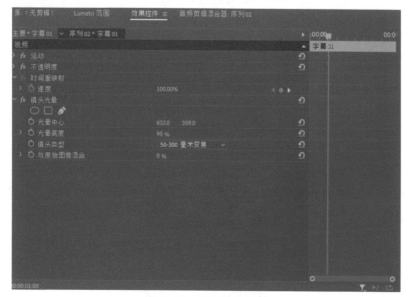

图 6-18　调整镜头光晕

（12）闪电。闪电是通过调整参数设置，模拟闪电和放电效果，如图 6-19 所示。

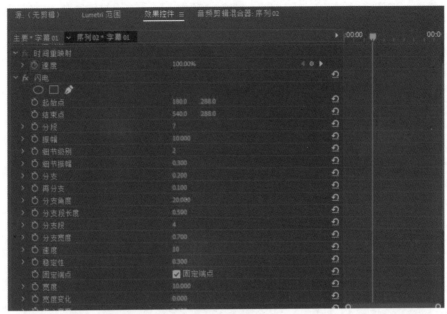

图 6-19　调整闪电

6.2.10　沉浸式视频效果

沉浸式视频效果是专门针对 VR 视频的效果，该视频效果包括 11 种类型。

（1）VR 分形杂色。VR 分形杂色是为 VR 素材添加分形杂色效果，可通过设置混合模式，与原始素材混合显示。

（2）VR 发光。VR 发光可以设置 VR 素材的发光效果。

（3）VR 平面到球面。VR 平面到球面可以反向变形，避免在 VR 视角下预览产生畸变。

（4）VR 投影。VR 投影可以调节 VR 素材的"平移""倾斜""滚动"等效果。

（5）VR 数字故障。VR 数字故障可以模拟电视信号干扰的效果。

（6）VR 旋转球面。VR 旋转球面设置 VR 素材围绕不同轴向，沿着球面旋转的效果。

（7）VR 模糊。VR 模糊可以设置 VR 素材的模糊效果。

（8）VR 色差。VR 色差可以分别调节不同颜色通道的色彩偏移效果。

（9）VR 锐化。VR 锐化是通过提高像素间的对比度，增强素材的锐度。

（10）VR 降噪。VR 降噪是通过减小像素间的对比度，对素材进行降噪处理。

（11）VR 颜色渐变。VR 颜色渐变是在素材之上产生 8 种颜色渐变填充，并可与素材进行不同模式的混合。

课堂案例——画轴展开效果

步骤 1　启动 Premiere Pro CC，单击"新建"，创建一个新的项目文件，在"名称"文本框中输入"画轴展开效果"，如图 6-20 所示。

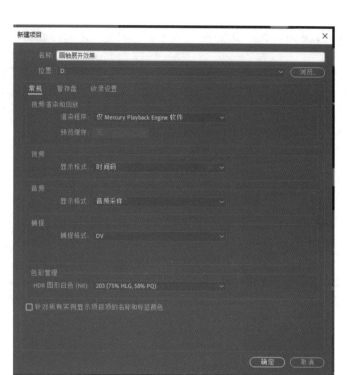

图 6-20　新建项目命名"画轴展开效果"

步骤 2　在新建序列对话框中，选择序列预设面板中的"DV-PAL—宽屏 48 kHz"选项，如图 6-21 所示。

图 6-21　序列预设为宽屏 48 kHz

步骤 3　导入素材文件"画轴"拖动到 V1 轨道中，并将时间轴设置为 5 秒，在"效果控件"中将缩放设置为"80.0"，如图 6-22 所示。

图 6-22　导入素材文件拖到时间轴中

步骤 4　新建一个宽度为 720，高度为 576 的字幕文件，命名为画轴，如图 6-23 所示。

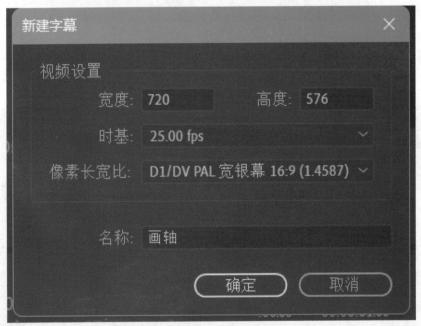

图 6-23　调整新建字幕的宽高

步骤 5　在字幕文件中，选择矩形工具，绘制一个匹配画卷的画轴矩形，并填充颜色，"颜色填充"类型为"线性渐变"，黄与白的渐变色，如图 6-24 所示。

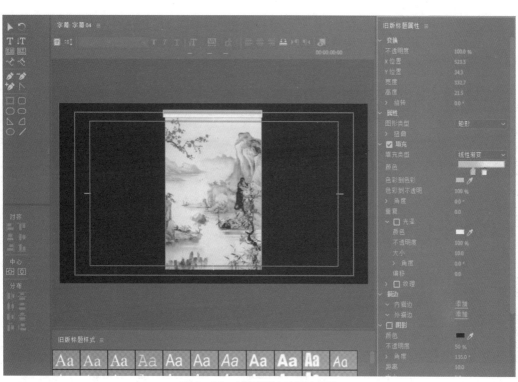

图 6-24 绘制画轴并填充颜色

步骤 6 在画轴的两侧绘制两个椭圆，这样画轴就绘制完成了，如图 6-25 所示。

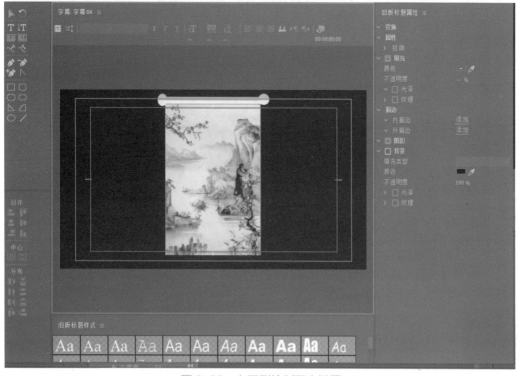

图 6-25 在两侧绘制两个椭圆

步骤7 将绘制好的字幕文件拖到时间轴上，将指针放在00：00：04：00处，打开"效果控件"，在"位置"效果打上关键帧，将指针移动到00：00：00：00，把"位置"设置为"360.0，520.0"，如图6-26所示。

图6-26 将字幕文件拖到时间轴中，并调整数值添加关键帧

步骤8 在"效果"面板中，找到"裁剪"选项，拖到V1轨道的素材上，如图6-27所示。

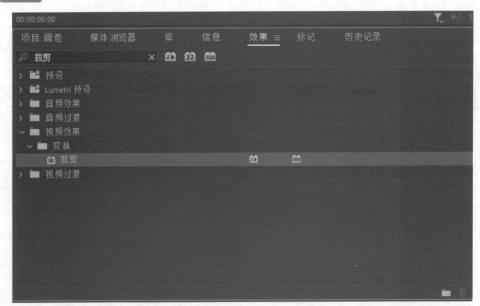

图6-27 添加"裁剪"效果

步骤9 在"裁剪"效果中，在00：00：00：00处，将顶部和底部的值设置为"50"，并设置关键帧，将指针拖到00：00：04：00处，将底部和顶部值设置为"0"，画轴展开效果完成，如图6-28所示。

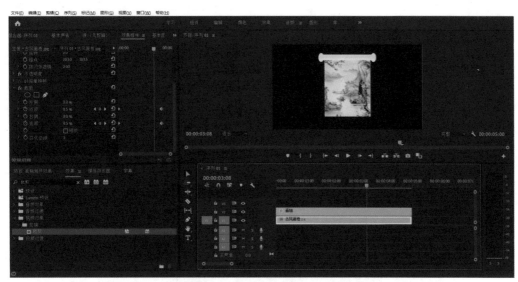

图 6-28　为"裁剪"效果设置关键帧

6.3　综合实训

训练一　画中画效果

一、任务提出

掌握特效操作的常用方法。

二、任务分析

使用 Premiere Pro CC 软件完成以下操作。

（1）新建项目，导入素材；

（2）对比视频；

（3）添加遮罩效果；

（4）重复上述操作；

（5）制作完成画中画效果。

三、任务实施

（1）新建项目，导入素材。

步骤 1　启动 Premiere Pro CC，单击"新建"，创建一个新的项目文件，在"名称"文本框中输入"画中画效果"，如图 6-29 所示。

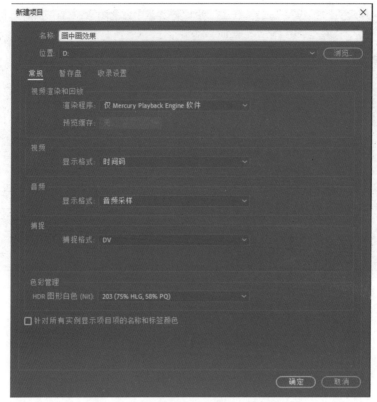

图 6-29　新建项目命名"画中画效果"

步骤 2　在新建序列对话框中，选择序列预设面板中的"DV-PAL—宽屏 48 kHz"选项，如图 6-30 所示。

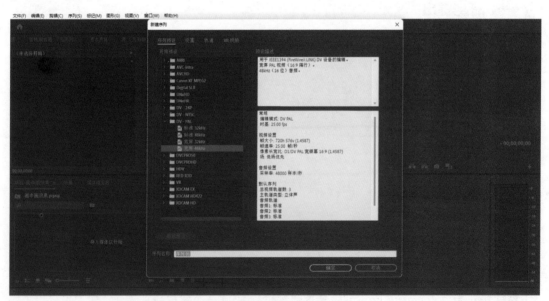

图 6-30　序列预设为宽屏 48 kHz

步骤 3　选择"文件—导入"命令，弹出"导入"对话框，选择盘中的视频文件，单击"打开"按钮，导入视频文件。导入后的文件排列在项目面板中，如图 6-31 所示。

图 6-31　导入视频文件

（2）对比视频。

步骤 4　将两个视频文件拖到视频轨道上，这时两个视频长短不一样，使用速率伸缩工具将较长的视频和另一个视频伸缩一致，如图 6-32 所示。

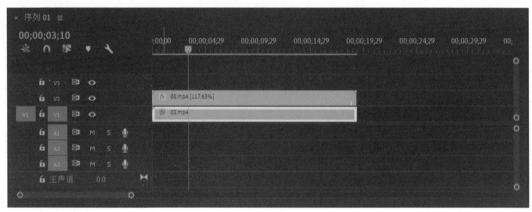

图 6-32　将视频文件拖到轨道

（3）添加遮罩效果。

步骤 5　选中时间轴上的 05 素材，在"效果控件"中打开"不透明度"前面的小三角，单击"不透明度"里面的矩形方框，在监视器窗口中画一个矩形，如图 6-33 所示。

图6-33　设置蒙版遮罩

步骤6　选中监视器窗口中的矩形，按住【Shift】键，当光标变成拉伸状态时进行等比例拉伸，如图6-34所示。

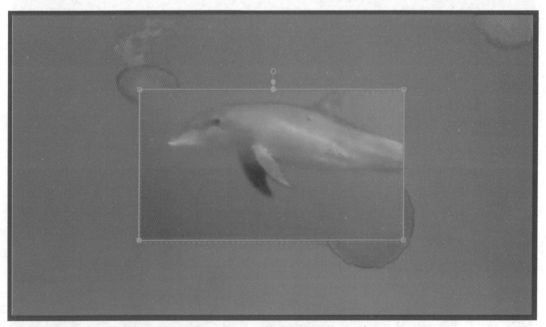

图6-34　设置蒙版遮罩大小

（4）导出视频文件。

步骤7　单击"导出"按钮，对项目进行编码导出。

（5）播放动画。

步骤8　最后，在指定位置可以找到渲染出的影片文件，可双击进行查看。

训练二　水中倒影

一、任务提出

掌握特效操作的常见方法。

二、任务分析

使用 Premiere Pro CC 软件完成以下操作。

（1）新建项目，导入素材；

（2）对比视频；

（3）添加波形变形；

（4）重复上述操作；

（5）制作完成水中倒影效果。

三、任务实施

（1）新建项目，导入素材。

步骤 1　启动 Premiere Pro CC，单击"新建"，创建一个新的项目文件，在"名称"文本框中输入"水中倒影"，如图 6-35 所示。

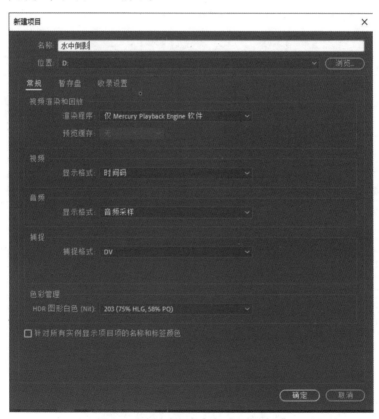

图 6-35　新建项目命名"水中倒影"

步骤 2 在新建序列对话框中，选择序列预设面板中的"DV-PAL—宽屏 48 kHz"选项，如图 6-36 所示。

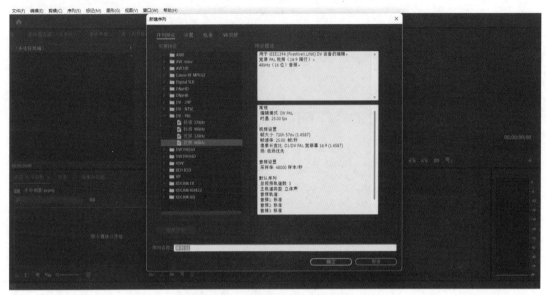

图 6-36 序列预设为宽屏 48 kHz

步骤 3 选择"文件—导入"命令，弹出"导入"对话框，选择盘中的视频文件，单击"打开"按钮，导入视频文件。导入后的文件排列在项目面板中，如图 6-37 所示。

图 6-37 导入视频文件

（2）对比视频。

步骤 4 导入素材后，将素材分别拖到 V1 和 V2 轨道上，选择 V1 轨道上的素材文件，对素材进行位置和旋转设置，如图 6-38 所示。

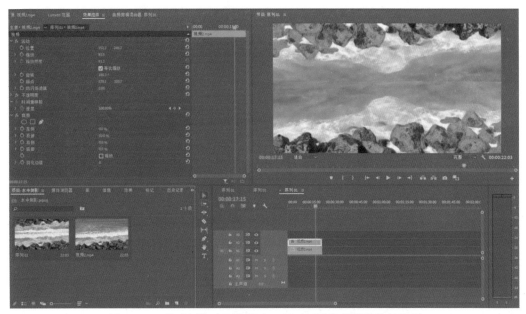

图 6-38　将素材拖动到轨道上，并对其进行位置和旋转设置

（3）添加波形变形，制作完成水中倒影效果。

步骤 5　在"效果"中找到"波形变形"，将该特效拖动到 V2 轨道的素材上，在"效果控件"中选择"矩形蒙版"，绘制一个大小一样的矩形，然后调整其他数值，数值如图 6-39 所示，水面倒影效果制作完成。

图 6-39　添加矩形蒙版

6.4　头脑风暴

练习知识要点：

使用"分色"命令制作图片去色效果，保留需要留下的颜色。

 拓展阅读

"分色"的作用

　　分色的作用是将扫描图像或其他来源的图像的色彩模式转换为 CMYK 模式，以便进行印刷。分色是将原稿上的各类颜色分化为黄、品红、青、黑四种原色颜色。

在线测试⚙

扫一扫　测一测

第7章 玩转音频

本章对音频特效的应用与编辑进行讲解，重点讲解音轨混合器，制作录音效果及添加音频特效文件等操作。读者通过对本章的学习，可以掌握 Premiere Pro CC 的声音特效制作。

学习目标

1. 了解音频效果。
2. 掌握了解使用音轨混合器调节音频。
3. 熟练掌握调节音频。
4. 掌握使用时间轴窗口合成音频。
5. 了解分离和连接视音频。
6. 掌握添加音频特效。

课程思政 音频在视频剪辑中的作用

在视频剪辑中，音频扮演着非常重要的角色，它能够增强视频的表现力，让观众更加深入地体验视频的内容和情感。在《歌唱祖国》中，通过歌曲的节奏和旋律及音效来搭配画面，可以增强人们在热爱祖国、崇敬祖国、为祖国奋斗、弘扬民族精神等方面的情感表达，它激励着人们为祖国的繁荣和发展而不断努力。

7.1 认识音轨混合器

7.1.1 调音台

Premiere Pro CC 加强了调音台处理音频的能力，使其功能更加专业化。调音台窗口可以更加有效地调节节目的音频，如图 7-1 所示。

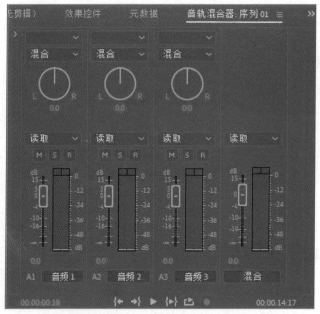

图 7-1　调音台窗口

调音台窗口可以实时混合时间轴窗口中的音频对象，用户可以在调音台窗口中选择相应的音频控制器进行调节。

1．认识调音台窗口

调音台由若干个轨道音频控制器、主音频控制器和播放控制器组成，每个控制器使用控制按钮和调节滑杆调节音频。

调音台中的轨道音频控制器用于调节其相对轨道上的音频对象，控制器 1 对应音频 1、控制器 2 对应音频 2，以此类推。轨道音频控制器的数目由时间轴窗口中的音频轨道数目决定，当在时间轴窗口添加音频时，调音台窗口中将自动添加一个轨道音频控制器与其对应。

2．轨道音频控制器的组成

轨道音频控制器由控制按钮、调节滑轮、调节滑杆、播放控制器组成。

（1）控制按钮。轨道音频控制器中的控制按钮可以控制音频调节的调节状态，如图 7-2 所示。

图 7-2　控制按钮

（2）调节滑轮。如果对象为双声道音频，可以使用声道调节滑轮调节播放声道，向左拖动滑轮，输出到左声道，可以增加音量，向右拖动滑轮，输出到右声道并使声音增大，声音调节滑轮，如图 7-3 所示。

图 7-3　声音调节滑轮

（3）调节滑杆。通过音量调节可以控制当前轨道音频对象的音量，Premiere Pro CC 以分贝数显示音量。

（4）播放控制器。播放控制器用于音频播放，使用方法与监视器中的播放控制栏相同。

7.1.2 立体声

所谓立体声就是使人感到声源在空间的分布，声音有深度、有层次，在聆听扬声器重放音时如身临其境。

1. 单声道

普通的单声道录放系统使用一只话筒录音，信号录在一条轨道上，放音时使用一只放大器和一只扬声器，所以重放出来的声音是一个点声源。单声道的音乐文件只有一个声道，放音时理论上只有一个音箱响，但音箱在放音时一般会把这个单声道声音一分为二来放音。

2. 双声道

双声道录放系统由左、右两组拾音器录音，两个声道存储和传送，两组扬声器放音，所以也称为 2-2-2 系统。乐器可以定位，乐队的宽度感也可以再现，且具有一定的立体混响感和不同方向传来的反射声。

双声道音频文件具有两个声道，也称为立体声文件。双声道不等于立体声，如果两个声道放出的是同样的声音，那就不是真正的立体声；立体声至少要双声道，用一个喇叭播放立体声是无法实现的，如图 7-4 所示。

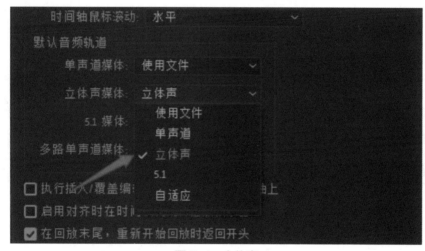

图 7-4 立体声

3. 多声道

尽管双声道立体声的音质和声场效果大大好于单声道，但它只能再现一个二维平面的空间感，即整个声场呈现一种平面的状态，并不能让听众有置身其中的现场感。在欣赏影片时，整体声场全方位的三维空间感无疑可以给观众一种鲜活的，置身于其中的临场感，因此，多声道技术也开始发展起来。

（1）5.1 声道（AC-3 录放系统）。该声道具有以下四大特点。

①该制式设有各自独立的前置三声道（左主声道 L、中置声道 C、右主声道 R），后置双声道（左环绕声道 Ls、右环绕声道 Rs），以及 0.1 的超低音声道 LFE。标准表示为 5.1 声道。

②该制式中的 6 个声道没有任何频带限制，是一个全频道的立体声结构，因而，除声场感更自然外，移动感和定位感也变得更加明显。

③超低音声道可以重现 200Hz 以下的低频信号，并可独立控制。

④该制式采用的是全数字信号，因此频带宽、动态范围大、相位特性优良。

（2）6.1 声道。6.1 声道是由原来的 5.1 声道升级为 6.1 声道，即在原有的 6 个声道的基础上，又增加了 1 个独立的 Back Surround 声道（后环绕或称后中置），从而使后部声场的连贯性和声音的绵密度大大增强，有效地改善了原来的后部声场声音中空的缺陷。

（3）7.1 声道。7.1 声道是在系统中使用一对后环绕扬声器来代替 6.1 声道的一只后环绕扬声器。

7.1.3　音频轨道

音频轨道是用来放置音频素材的轨道，它的使用方法与视频轨道的使用方法大致相同。

1．音频轨道控制

单击轨道左端的"静音轨道"按钮，可以打开或关闭音频轨道。轨道被关闭后，播放时不会播出该轨道的声音。

单击"独奏轨道"按钮，可以设置只播放当前轨道的声音，而其他轨道被静音。

单击"画外音录制"按钮，可以实时录制画外音。

单击"切换轨道锁定"，将出现标志，表示该轨道处于锁定状态，不能编辑，并且轨道的音频素材上会显示斜线，再次单击可以解除锁定，如图 7-5 所示。

图 7-5　音频轨道

2．音频轨道属性

（1）按声道数目分。

①单声道音轨：放单声道文件。

②立体声音轨：放立体声文件。

③5.1 声道音轨：放 5.1 声道文件。

（2）按功能分。

①普通音轨：包含实际的音频信息。

②混合音轨（子混合轨道）：进行分组混音，统一调整音频效果。

③主音轨：汇集所有音频轨道的信号，重新分配输出。

7.1.4 剪辑音频素材

1. 导入音频素材

与导入视频素材的方法相同。

2. 添加素材到时间线

将"项目"面板中的音频素材拖到时间轴的音频轨道上即可，也可以使用"源监视器"面板的"插入""覆盖"按钮。当把一个音频剪辑拖到时间轴时，如果当前序列没有一条与这个剪辑类型相匹配的轨道，Premiere Pro CC 会自动创建一条与该剪辑类型匹配的新轨道。

3. 改变"速度 / 持续时间"

对于音频持续时间的调整，主要是通过"入点""出点"的设置来进行的。

可以在音频轨道上使用 Premiere Pro CC 的各种对"入点"和"出点"进行设置与调整的工具进行剪辑，也可以结合"源监视器"面板进行素材的剪辑。

选择要调整的素材，执行"剪辑—速度 / 持续时间"命令，打开"剪辑速度 / 持续时间"对话框，可以对音频的速度与持续时间进行调整，如图 7-6 所示。

图 7-6　剪辑速度 / 持续时间

需要注意的是，改变音频的播放速度会影响音频播放的效果，音调会因速度提高而升高，因速度的降低而降低，可以勾选"保持音频音调"来保持原始音调不变。改变了播放速度，播放的时间也会随着改变，这种改变与单纯改变音频素材的"入点"与"出点"的改变持续时间不同。

4. 编辑关键帧

单击音频轨道上的"显示关键帧"按钮，选择"轨道关键帧—音量"，调整播放指针到素材需要编辑的位置，然后单击轨道的"添加 / 移除关键帧"按钮，即可给该位置添加（或删除）关键帧。拖动关键帧，可以调整它的位置和值，如图 7-7 所示。

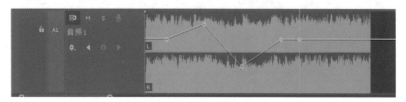

图 7-7　音频关键帧

5. 调整素材音量

在 Premiere Pro CC 中，可以使用以下方法调整剪辑素材的音量。

（1）直接在时间线上调整音量。

①定位到要调整音量的剪辑素材所在的音轨；

②将鼠标悬停在音轨上的剪辑素材上，并单击音轨上的音量标尺；

③拖动音量标尺上的控制点，向上或向下调整音量。

（2）使用"音频关键帧"调整音量。

①在时间线上选择要调整音量的剪辑素材；

②在"效果控件"面板中展开"音频效果"；

③找到"音量"效果，并将其拖到剪辑素材上；

④在"效果控件"面板中，可以通过调整"音量"效果的参数来改变音量；也可以手动输入百分比值，或使用关键帧来调整音量随时间的变化。

（3）使用"音量增益"效果调整音量。

①在时间线上选择要调整音量的剪辑素材；

②在"效果"面板中搜索"音量增益"效果，并将其拖到剪辑素材上；

③在"效果控件"面板中，您可以通过调整"音量增益"效果的参数来改变音量；也可以手动输入增益值，或使用关键帧来调整音量随时间的变化。

6．转换音频类型

（1）声道分离。在项目窗口选择一个立体声或5.1环绕声素材，执行"剪辑—音频选项—拆分为单声道"命令，可将5.1声道或立体声音频转换为单声道，然后可以单独为某个声道增加效果。

（2）单声道素材按立体声素材处理。有时候，需要将单声道素材视作立体声素材处理。从项目面板选择一个单声道素材，执行"剪辑—修改—音频声道"命令，在打开的"修改剪辑"对话框中，设置"剪辑声道格式"为"立体声"，然后单击"确定"即可进行转换，如图7-8所示。

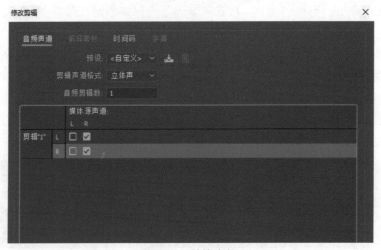

图7-8 转换音频

（3）5.1声道混音类型。由于5.1声道音响普及程度有限，经常要将多声道节目转换为单声道或立体声，使用一个或者两个音箱播放，这就需要设置"声道下混"。执行"编辑—首

选项—音频"菜单命令，在"首选项"对话框中打开"5.1 混音类型"列表进行设置即可，如
图 7-9 所示。

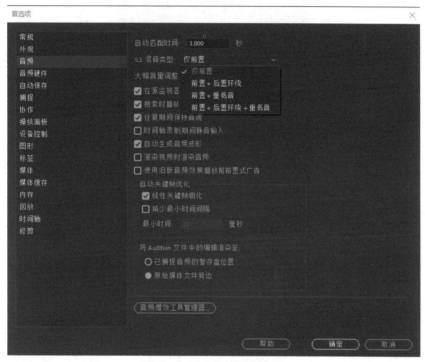

图 7-9　5.1 声道混音类型

7. 渲染和替换素材

选择音频轨道上的素材，执行"剪辑—渲染和替换"命令，会将音频渲染为一个文件，
并用它替换原有音频。

7.1.5　基本声音面板

基本声音面板提供了一些简单的控件，用于统一音量级别、修复声音、提高清晰度，以
及通过添加特效使素材达到专业音频混音的效果。还可以将调整好的参数存储为预设，以备
重复使用。Premier Pro CC 将音频剪辑分为"对话""音乐""SFX""环境"4 类，可通过"窗口—
基本声音"打开基本声音面板。

1. 自动匹配响度

通过自动匹配响度，可以统一不同音频素材的音量。选择一种音频类型，此处以"对话"
为例，其他类型与此相同。选择轨道上的音频素材，单击"对话"按钮，然后单击"自动匹配"
按钮。

2. 设置"对话"类型参数

若轨道上包含"对话"类型的素材，可以通过设置"对话"类型参数来优化音频素材。
选择轨道上的音频素材，单击"对话"按钮打开参数面板，展开各参数面板进行设置。其他
类型的设置，与此类似，如图 7-10 所示。

图 7-10　基本声音

7.1.6　音频转场

在音频素材之间使用转场，可以使声音的过渡变得自然，也可以在一段音频素材的"入点"或"出点"创建"淡入"或"淡出"效果。Premiere Pro CC 提供了 3 种转场方式：恒定功率、恒定增益和指数型淡入淡出，如图 7-11 所示。

图 7-11　音频转场

7.2　添加音频特效

7.2.1　声道控制类特效

1. 平衡

平衡用来控制左右声道的相对音量。调节"效果控件"面板中的"平衡"滑块可改变左

右声道的音量,正值可增加右声道的音量比例,负值可增加左声道的音量比例。

2．用左侧填充右侧、用右侧填充左侧

用左侧填充右侧可以复制音频素材的左声道信息,并放置在右声道中,而丢弃原先的右声道信息;而用右侧填充左侧的效果刚好相反。

3．互换声道

互换声道能够将立体声素材左右声道的声音交换。主要用于纠正录制时连线错误造成的声道反转。当视频画面采用了水平反转处理时,也可采用这一音频特效,以保证声源位置与画面主体位置一致。

4．反转

反转是将所有声道的相位颠倒。

5．声道音量

声道音量用来单独控制声音素材每一个声道的音量。

7.2.2　动态调整类特效

1．动态范围

动态范围是音响设备的最大声压级与可辨最小声压级之差。动态范围越大,强声音信号就越不会发生过载失真,保证强声音有足够的震撼力,与此同时,弱信号声音也不会被各种噪声淹没。Premier Pro CC 提供了 3 个调整工具。

（1）自动门。自动门指输入信号只有高于"门"才可以通过。如果输入信号低于门限值,门关闭,输入信号静音。可以用它去除不想要的背景噪声。其参数如下。

①阈值:设置门限阈值。

②攻击:设置信号超过门限值,从没有到正常出现的时间。

③释放:设置信号低于门限值,从正常到声音被静音的时间。

④定格:输入信号低于阈值时,门保持开启的时间。

（2）压缩程序。压缩程度用来压缩高电平信号,扩展低电平信号,提高平衡动态范围。其参数如下。

①阈值:信号压缩阈值。高于阈值的信号被压缩,低于阈值的信号则不受影响。

②比例:设置输入电平与输出电平的压缩比。

③攻击:输入信号超过压缩阈值时压缩器的响应时间。

④释放:输入信号从高于阈值变为低于阈值时,返回原始值的时间。

⑤补充:调整压缩器的输出电平,减少由于压缩产生的信号损失。

（3）扩展器。扩展器使低于阈值的输入信号平滑提升。其参数如下。

①阈值:指定某一电平值,低于此值,激活扩展器;高于阈值,信号不受影响。

②比例:设置扩展比例,用法与扩展器相似。

（4）限幅器。将高于指定阈值的峰值电平降为 0 dB,而低于阈值的峰值电平不受影响。其参数如下。

①阈值:设定信号最大电平值。

②释放：峰值电平高于阈值时，返回正常增益需要的时间。

2．多频段压缩器

多频段压缩器可实现分频段控制的压缩效果。当需要柔和的声音压缩器时，使用这个效果会更有效。"自定义设置"对话框中的频率窗口显示了高、中、低3个频段，通过调整增益和频率的手柄可以对其进行控制。

3．音量

使用音量特效，可以在其他效果之前先渲染音量。

7.2.3　音频调整类特效

1．带通

带通可以删除超出指定范围或波段的频率，其参数如下。

（1）中心：用来确定中心频率范围。

（2）Q：用来确定被保护的频率带宽。Q值设置较低则建立一个相对较宽的频率范围，而Q值设置较高则建立一个较窄的频率范围。

2．低通

低通是指高于指定频率的声音会被过滤掉，可将声音中的高频部分滤除。调节"屏蔽度"参数可以设定一个频率值，高于此值的声音被滤除。

3．高通

高通是指低于指定频率的声音会被过滤掉，可以将声音的低频部分滤除。

高通和低通音频效果，可用于以下几种情况。

（1）增强声音；

（2）避免设备超出能够安全使用的频率范围；

（3）创造特殊效果；

（4）为具有特定频率要求的设备输入精确的特定频率。比如用低通音频特效为超低音喇叭输入特定频率的声音。

4．低音

低音是指增大或减小低音频率（200 Hz或更低）的电平，但不会影响音频的其他部分。参数"提升"的值越大，低音音量就提高，反之则降低。

5．高音

高音是指增大或减小高音频率（4 000 Hz或更高）的电平，但不会影响音频的其他部分。

6．音高换挡器

音高换挡器可以调整输入信号的定调，实现变调效果。

7.2.4　降噪类特效

1．消除齿音

消除齿音可以去除齿擦音以及其他高频"sss"类型的声音。

2．自动咔嗒声移除

自动咔嗒声移除可以消除音频中的咔嗒声。

3．自适应降噪

自适应降噪能够自动探测噪音并将其删除，可以用来去除模拟记录中的噪音。

7.2.5　声音延迟类特效

1．延迟

延迟是指在指定的时间后重复播放声音，为声音添加回声效果。其参数如下。

（1）延迟：设置回声播放前的时间（0~2 秒）。

（2）反馈：添加到音频的回声百分比，百分比越大，回响的音量越大。

（3）混和：设置回声的相对强度，值越大，回声的强度越大。

2．多功能延迟

多功能延迟可对延时效果进行更高程度的控制，在电子舞蹈音乐中能产生同步、重复回声效果，可以对素材中的原始音频添加多达 4 次回声。

3．室内混响、卷积混响

室内混响、卷积混响可以模拟在相对封闭的空间内部播放声音的效果，能表现出宽阔、真实的传声效果。可以根据不同的场景要求选择预设，然后再调整其参数。

7.2.6　均衡调整类特效

1．图形均衡器（10 段、20 段、30 段）

图形均衡器通过调节各个频率段的电平，较精确地调整音频的声调。它的工作形式与许多民用音频设备上的图形均衡器类似，通过在相应频段按百分比调整原始声音来实现声调的变化。

2．参数均衡器

参数均衡器可以实现参数化均衡效果，可以更加精确地调整声音的音调。可以增大或减小与指定中心频率接近的频率。

7.3　音频剪辑

7.3.1　音频剪辑混合器与音轨混合器的关系

使用音频剪辑混合器，可以对音频素材的播放效果进行实时控制，在播放声音的同时就能调节音量大小和声音的左 / 右平衡，并可以通过关键帧实时记录调整变化。而在音轨混合器中所做的调节都是针对音频轨道进行的，所有在当前音频轨道上的素材都会受到影响。两个"混合器"面板中的轨道控制器与时间轴中的音频轨道是相对应的。"音频 1"轨道控制器与时间轴中的"音频 1"轨道相对应，以此类推。当向时间轴中添加轨道时，"调音台"面板中会自动添加一个与之相对应的控制器，如图 7-12 所示。

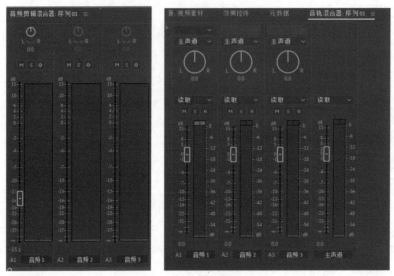

图 7-12　音频剪辑混合器

以下是使用音频混合器的步骤。

（1）打开音频混合器。在 Premiere Pro CC 中选择"窗口"或"工作区"菜单下的"音频混合器"选项，打开音频混合器面板。

（2）选择音轨。在音频混合器面板中，选择要控制的音轨。可以使用鼠标单击音轨名称或使用键盘快捷键【Shift+ 数字键】来选择音轨。

（3）调整音量。通过拖动音轨下面的音量滑块来调整音量大小；也可以使用鼠标滚轮或键盘上下箭头键来调整音量。

（4）平衡控制。如果音频包含左右声道，可以使用平衡控制来调整左右声道的平衡；也可以通过拖动平衡滑块来调整左右声道的平衡。

（5）应用音频效果。通过单击音轨下面的效果选项来应用音频效果，例如均衡器、压缩器或混响等。可以在效果选项卡中调整效果参数。

（6）延迟和音高调整。通过单击音轨下面的延迟和音高选项来进行音频的延迟和音高调整。可以使用滑块来调整延迟和音高。

（7）多个音轨混合。如果你需要混合多个音轨，可以在音频混合器面板中选择多个音轨，然后进行音量和平衡控制等操作。

总之，使用音频混合器可以方便地控制和调整多个音轨，使音频混合更加精细和准确。

7.3.2　音频剪辑混合器

音频剪辑混合器可以自动记录关键帧。通过"写关键帧"按钮，结合音频轨道的剪辑关键帧，实时调节素材的音量高低。其用法如下。

单击音频轨道上的"剪辑关键帧"，单击"写关键帧"按钮，单击"节目"面板的播放按钮，在播放的同时调节音频剪辑混合器相应轨道的音量调节滑块。调节结束后，可在音频轨道上看到刚才调节过程中生成的关键帧，如图 7-13 所示。

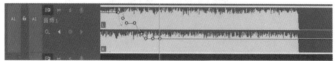

图 7-13 剪辑关键帧

7.3.3 音轨混合器

1. 实时调节音频

单击音轨混合器面板的"自动模式"选项菜单，选择需要的自动模式，在播放音频的同时可以实时记录所做的调整，如图 7-14 所示。

（1）关。选择关模式系统会忽略当前音频轨道上的调节效果，而且允许实时地调节，但不会影响存储的自动化控制。

（2）读取。选择读取模式系统会读取当前音频轨道上的调节效果，但是不能记录音频调节过程。

（3）闭锁。选择闭锁模式可以使音轨混合器在移动音量滑块或平衡旋钮之前不应用修改，最初的属性设置来自先前的调整。停止调整后，会保持当前的调整值不变。

图 7-14 实时调节音频

（4）触动。触动模式类似于"锁存"，但当停止调整属性时，在当前修改被记录之前，其选项设置会回到它们先前的状态。

（5）写入。写入指从开始播放即开始记录。通常，在记录音频调节过程时，使用此模式即可。

2. 创建效果与发送分配

用户可以在音轨混合器中添加音频特效，在此添加的特效，将对该音轨的所有素材起作用。方法如下。

单击音轨混合器面板左上角的"显示/隐藏效果和发送"按钮，展开"效果与发送"设置列表。单击音频效果列表中的"效果选择"按钮，从弹出的列表中选择一种特效，然后设置参数即可。

3. 应用子混合轨道

用户可以把多个音频轨道集中到单个轨道（子混合轨道），这样就可以对一组轨道应用同样的特效，而不必逐个改变每个轨道。随后，子混合轨道可以把处理过的信号送到主音轨，或者把信号送到另一个子混合轨道。应用子混合轨道可以减少操作，并保证应用特效、音量、平衡的一致性。

4．录制音频素材

在 Premier Pro CC 中，除了使用时间线轨道上的"画外音录制"按钮进行录音，还可以通过音轨混合器直接把声音录制到音频轨道上。操作步骤如下：连接好麦克风，单击欲放置声音的轨道上的"启用轨道以进行录制"按钮，然后单击下方的"录制"按钮，再单击"播放—停止切换"按钮，即可开始录音。再次单击"播放—停止切换"按钮或"录制"按钮，可以结束录制。项目面板中会自动添加刚录制的声音文件，时间轴相应的音轨上也会自动放置刚录制的声音。

5．制作 5.1 声道音频

创建 5.1 声道音频，就是通过"5.1 声像器"把由单声道组成的音频剪辑配置到 5.1 声道协议允许的 6 条声道上，步骤如下。

（1）新建序列，设置主音轨类型为 5.1，添加 6 条单声道或立体声音轨（若素材为立体声）。

（2）导入素材，分别添加到 6 条音轨。打开"音轨混合器"，拖动各音轨"声像器"上的黑色圆点，使各音轨声音的音源位置与相应的音箱输出位置对应。

（3）添加效果，试听，符合要求后导出为 5.1 声道的音频格式。

7.4　综合实训

训练　剪辑音频素材

一、任务提出

认识音频，掌握音频的剪辑与合成。能熟练运用声音的变调处理和变速处理，并为音频添加音频效果。

二、任务分析

使用 Premiere Pro CC 软件完成以下操作。

（1）新建项目，导入音频文件；

（2）裁剪音频；

（3）添加音频效果；

（4）为音频添加关键帧；

（5）导出音频文件。

三、任务实施

（1）新建项目，导入音频文件。

步骤 1 启动 Premiere Pro CC，单击"新建"，创建一个新的项目文件，名称框默认，如图 7-15 所示。

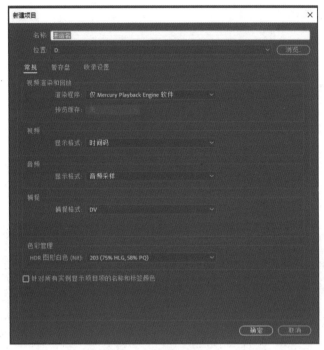

图 7-15 新建项目

步骤 2 在新建序列对话框中，选择序列预设面板中的"DV-PAL—宽屏 48 kHz"选项，如图 7-16 所示。

图 7-16 序列预设设置为宽屏 48 kHz

步骤3 导入素材文件夹中的"欢快.mp3"，并将音频文件拖到A1轨道。右键单击轨道上的"架子鼓"素材，选择弹出菜单中的"取消链接"，然后清除素材的视频部分，如图7-17所示。

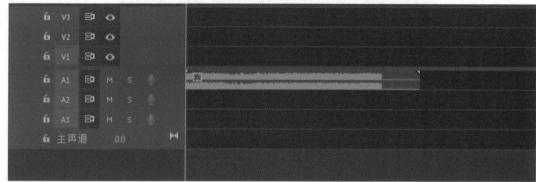

图7-17 将音频素材导入轨道上

（2）裁剪音频。

步骤4 把"欢快.mp3"拖到A1轨道上，在时间线的开始点为00：00：00：00。将播放指针置于00：00：30：15位置，用"剃刀"工具把"欢快"裁开，清除裁切点以后的部分。

（3）添加音频效果。

步骤5 把"鼓点.mp3"拖到A2轨道上2次，开始点分别为00：00：01：03和00：00：09：09。把A3轨道的"架子鼓"的开始点设置为00：00：17：22；把"钢琴.mp3"拖到A3轨道"架子鼓"的右侧，开始点与结束点分别为00：00：26：24与00：00：28：19；把"爵士鼓.mp3"拖到A4轨道上3次，开始点分别为00：00：06：22、00：00：15：08和00：00：28：20。选择"音频过渡"效果中的"恒定功率"，分别拖放到"架子鼓"与"鼓点"的开始点与结束点处的素材上，如图7-18所示。

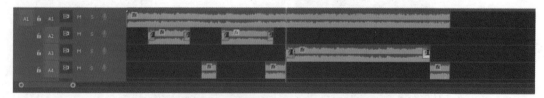

图7-18 将音频素材导入轨道上，并添加效果

步骤 6 选择轨道上的"爵士舞"素材，单击"基本声音"面板上的"音乐"按钮，然后单击面板中的"自动匹配"按钮，匹配素材的响度。用同样的方法，调整其他素材的响度，直至各素材的音量效果协调一致，如图 7-19 所示。

图 7-19　使各素材音量效果协调一致

（4）为音频添加关键帧。

步骤 7 选择 A4 轨道的最后一段"爵士鼓"，打开"效果控件"面板，在音量效果上添加多个关键帧，通过调节关键帧上的音量级别实现声音淡出的效果，如图 7-20 所示。

图 7-20　为音频素材添加关键帧

（5）导出音频文件。

步骤 8 试听满意后，保存项目。选择菜单"文件—导出—媒体"，设置导出格式为"mp3"，导出作品。

四、同步训练

步骤 1 启动 Premiere Pro CC，单击"新建"，创建一个新的项目文件，在"名称"文本框中输入"音频特效"，如图 7-21 所示。

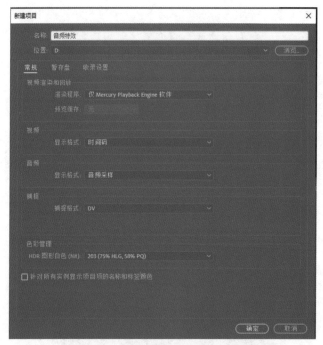

图 7-21　新建项目命名"音频特效"

步骤 2　在新建序列对话框中，选择序列预设面板中的"DV-PAL—宽屏 48 kHz"选项，如图 7-22 所示。

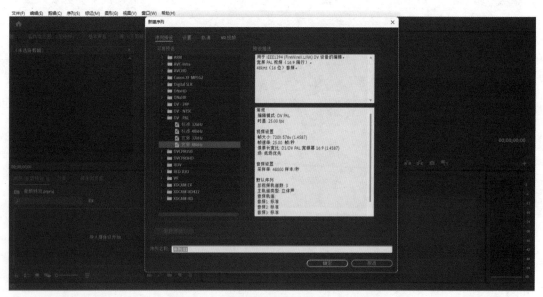

图 7-22　序列预设设置为宽屏 48 kHz

步骤 3　导入素材文件夹中的"视频素材 .mp4""片头 .mp3""厚重 .mp3"，将视频素材添加到 V1 轨道，右击轨道上的视频素材，选择"取消链接"命令，然后清除 A1 轨道的音频。把"片头 .mp3"和"厚重 .mp3"分别拖到 A1、A2 轨道。设置全部素材在时间线的开始点都是 00：00：00：00。

步骤 4 把播放指针定位到视频素材的结尾处，用"剃刀工具"沿指针位置把 A1、A2 上的音频分别裁开，然后清除右侧部分，如图 7-23 所示。

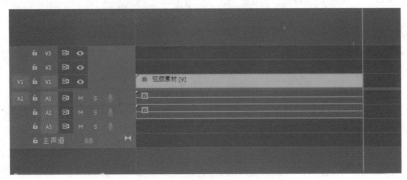

图 7-23 剪切并清除多余部分

步骤 5 打开"效果"面板，将"音频效果"下的"和声/镶边"拖到 A1 轨道的素材上，此时添加了特效的素材左上角的"fx"标志变为紫色。打开"效果控件"面板，单击"和声/镶边"下的"编辑"按钮，在打开的对话框中设置参数为"镶边""精细镶边"，如图 7-24 所示。

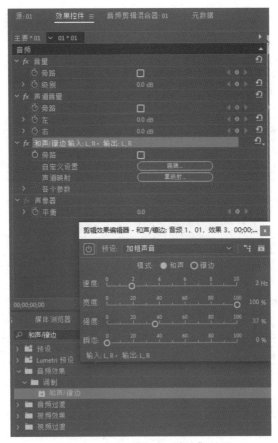

图 7-24 添加"和声/镶边"效果

步骤 6 将"音频效果"下的"低音"拖到 A2 轨道的素材上。打开"效果控件"面板，设置"低音"下的"提升"值为 6.0 dB，如图 7-25 所示。

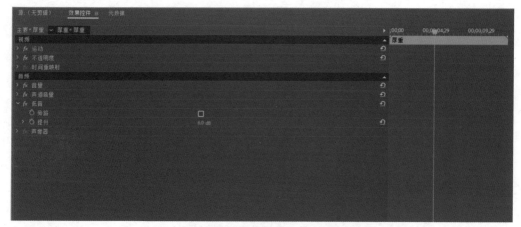

图 7-25　添加"低音"效果，并调节数值

步骤 7 打开"音轨混合器"面板，单击面板左侧的"显示/隐藏效果和发放"按钮，展开"效果和发送"设置列表。单击"主声道"上的"效果名称—混响—卷积混响"，设置参数为"100%""房间大小"，如图 7-26 所示。

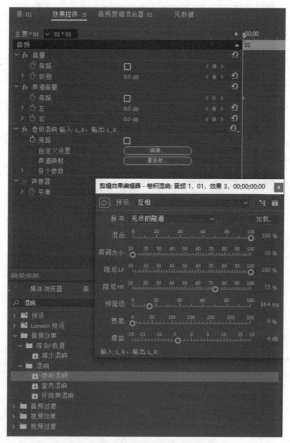

图 7-26　修改卷积混响的数值

步骤 8 打开"效果"面板，把"恒定功率"音频过渡效果分别拖放到 A1、A2 素材的

开始与结束位置。预览试听满意后，保存项目，如图 7-27 所示。选择菜单"文件—导出—媒体"，设置导出格式为"H.264"，导出作品。

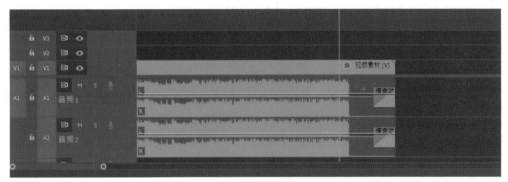

图 7-27　导出作品

7.5　头脑风暴

练习知识要点：

使用"显示轨道关键帧"选项制作音频的淡入与淡出。

 拓展阅读

什么是音频

　　人类能够听到的所有声音都称之为音频，它可能包括噪音等。声音被录制下来以后，无论是说话声、歌声、乐器都可以通过数字音乐软件处理，被制作成音频文件。音频文件是储存在计算机里的声音。

在线测试

扫一扫　测一测

参 考 文 献

［1］刘峰，吴洪兴. 数字影视后期制作（第 2 版）［M］. 北京：中国广播影视出版社，2020.

［2］互联网＋数字艺术教育研究院. 中文版 Premiere Pro CS6 从入门到精通实用教程（微课版）
［M］. 北京：人民邮电出版社，2017.

［3］唯美世界，曹茂鹏. 中文版 PremierePro2022 从入门到精通［M］. 北京：中国水利水电
出版社，2022.

［4］新视角文化行. Premiere Pro CC 视频编辑剪辑制作完美风暴［M］. 北京：人民邮
电出版社，2014.

［5］吴桢，王志新，纪春明. After Effects CC 影视后期制作实战从入门到精通［M］. 北京：人
民邮电出版社，2017.

［6］［英］马克西姆·亚戈. Adobe Premiere Pro 2021 经典教程（彩色版）［M］. 武传海，译.
北京：人民邮电出版社，2022.

［7］刘西. 中文版 Premiere Pro 2021 完全自学教程［M］. 北京：人民邮电出版社，2021.

［8］朱琦，王磊. Premiere Pro 2022 视频编辑基础教程（微课版）［M］. 北京：清华大学出版
社，2023.

［9］程明才. Premiere 影视编辑实用教程［M］. 北京：电子工业出版社，2015.

［10］汪振泽，焦瑾瑾，李海翔. Premiere Pro CC 非线性编辑案例教程（中文全彩铂金版）
［M］. 北京：中国青年出版社，2019.

［11］李冬芸，杨振东. Premiere ＋After Effects 影视编辑与后期制作（第 2 版）［M］. 北京：
电子工业出版社，2021.

［12］任媛媛. Premiere Pro 2020 实用教程［M］. 北京：人民邮电出版社，2021.

［13］杨新波，王天雨，冯婷婷. 影视剪辑教程：Premiere Pro CC 2018［M］. 北京：中国传
媒大学出版社，2018.

［14］创艺云图. 中文版 Premiere Pro 从入门到实战视频教程（全彩版）［M］. 北京：电子工
业出版社，2023.